MORDEN

OOK

ESIGN

现 代
书 籍
设 计

黄 彦 / 编著

化学工业出版社

·北京·

本书主要讲述了：初识书籍设计之美、构建书籍整体之形、书籍版式中多彩的设计元素、版式样式、书籍材料与印刷工艺等内容。本书内容全面、丰富，阐述精练到位，反映了国内外书籍设计领域的前沿动态，吸收了体现当前最新设计理念和风格的书籍设计作品，同时紧跟设计教育教学的改革步伐，强化案例教学和实训教学，力求实现理论与实践有机融合。

本书可作为高等院校、高等职业院校艺术设计专业师生学习用书，也可供出版从业人员、美术编辑和书籍设计师阅读参考。

图书在版编目（CIP）数据

现代书籍设计 / 黄彦编著 . —北京：化学工业出版社，2019.9（2023.2 重印）
ISBN 978-7-122-34642-1

Ⅰ.①现…　Ⅱ.①黄…　Ⅲ.①书籍装帧 - 设计 -
教材　Ⅳ.①TS881

中国版本图书馆CIP数据核字（2019）第107121号

责任编辑：李彦玲　　　　　　　　　　　　装帧设计：黄　彦　刘丽华
责任校对：边　涛

出版发行：化学工业出版社（北京市东城区青年湖南街13号　邮政编码100011）
印　　装：天津画中画印刷有限公司
787mm×1092mm　1/16　印张9　字数157千字　2023年2月北京第1版第3次印刷

购书咨询：010-64518888　　　　　　　　　　售后服务：010-64518899
网　　址：http://www.cip.com.cn
凡购买本书，如有缺损质量问题，本社销售中心负责调换。

定　　价：59.80元

前言
FOREWOED

　　随着经济的进步，书籍作为人类文明的阶梯，记载人类的思想与情感，叙述并传播着人类的文明进程。书籍设计是随着书籍产生的历史进程而逐步发展的，书籍设计经历了原始古代到现代的发展过程，在不同的历史阶段，书籍的形态与材料的应用各具特色，为我们演绎了书籍形态的设计发展史，给我们留下了丰富的文化遗产。书籍设计艺术在中国有着悠久的历史，具有自己独特的民族风格和审美意识，因此我们应认真研究和探讨中国古代书籍的设计形式与结构，探索传统与现代书籍设计相融合的方法。现代书籍设计，不仅要赋予文字、图形、色彩等设计元素以富有情感和内涵的艺术表现形式，还必须通过独特的设计意识，使书籍内容与形式完美统一，提高人们的阅读兴趣，引领人们的审美观念。经济的腾飞和时代的进步使读者的审美意识发生了深刻的转变，为了适应这一转变，书籍设计者应大胆更新观念，创造崭新的书籍形态与设计。如今计算机、网络信息的迅速发展以及现代印刷装订技术的不断发展，为书籍设计拓展了无限广阔的表现空间，使现代书籍设计艺术出现了更加引人注目的设计风格和时代气质，从而进一步提升了书籍的人文与审美价值。

　　本书集实用性、艺术性、欣赏性、创新性、学术性于一体，对书籍设计的历史流变、基本特征以及书籍整体构成体系，版式编排设计，材料印刷工艺等内容进行了详细而全面的阐述。在总体特点的把握方面，侧重于书籍的视觉传达设计，既有基础理论、创意理念，又有经典案例和教学成果作品解析，图文并茂，对学生研究书籍艺术，提高想象力和动手能力，具有较强的启迪和指导作用。在每章的小节里特别设置"知识链接"这个专题板块，通过扫描二维码的方式来呈现。内容是结合当下学科前沿知识，兼顾理论的探索性、实际的操作性，从而提出学术性的探讨，使本书不仅具有较大广度的知识面，还有一定深度的学术性。

　　借此要特别感谢湖北大学艺术学院的领导、老师和同学们对本书编写的大力支持和帮助。书中部分图例是学生作品，虽然设计中有很多不足之处，但仍凝聚了我们的热情与执著，闪烁着创意的光芒。

　　由于笔者的学识有限，难免有疏漏之处，恳请同行专家和广大读者给予指正和批评。特别希望广大师生对本书的不足之处提出宝贵意见，以便今后在修订工作中加以完善。

黄彦

2019 年 8 月

目 录
CONTENTS

第三章　书籍版式中多彩的设计元素　*051*

第四章　版式样式　*093*

第一章
初识书籍设计之美

第一节 书籍设计概念

一、何为书籍设计

书籍装帧这个名词流行了很多年，"装帧"一词本意指纸张折叠成一帧，由线将多帧装订起来，然后再附上书皮的过程，同时还具有对书的外表进行创意设计和技术运用的意思。但很长一段时间人们对"装帧"的理解只是局限于一个封面设计。然而随着时代的变迁，发展到今天，装帧内涵也在不断地扩大，现今"书籍设计"一词的提出也正是因时代应运而生。崭新的"书籍设计"已无法用"装帧"这一词汇加以概括。这不仅仅是名称的更改，更是思维方式的提升、概念的转化，因为现在"书籍设计"的范畴是包括：书的开本、封面、护封、版面、字体、插图、纸张、印刷、装订等的艺术设计，也就是从原稿到成书应做的全部的设计，从封面到内文版式，外在造型到信息传达、图文编排、工艺实现，从审美到功能等，一系列的书籍的整体设计创造性设计，是一个多侧面、多层次、多因素、立体的、动态的系统工程。

二、书籍设计的功能

书籍设计的功能表现在三个方面：实用功能、艺术审美功能、市场经济功能。

1.实用功能

书的产生首先是因为使用，装帧的诞生与发展永远是把实用性放第一位的。它体现在载录得体，阅读方便，易于携带与收藏。书籍设计要符合书稿内容，准确清晰地传递内容信息。设计者事前要了解书的内容、作者的意图、读者的定位，设计的形式要与内容一致。

2.艺术审美功能

把握书籍装帧的艺术性和功能性相统一的原则。设计师要把他对书的内容的理解，对文字和图片进行精心策划，通过设计语言展现给读者。让读者从每一个精心设计的句点都会有美的感受。

3.市场经济功能

书籍设计的好坏直接关系到书的经济效益。有很多读者就是因为书的美观值得珍藏而产生购买行为，因而书籍设计具有了超出书籍自身的更深、更永恒的经济功能。

三、书籍设计的分类

书籍设计的题材类别繁多，内容丰富，便于更好地让设计师清晰地寻找设计的侧重点，根据内容性质的不同做大致的分类。

（1）儿童类书籍设计

儿童天真、可爱的特点，设计的形式可较为活泼甚至可以卡通化，多采用儿童插图作为主要图形，再配以活泼稚拙的文字。儿童好奇心强，喜欢艳丽绚烂的色彩，色彩的运用上大多以红、黄、蓝等鲜艳夺目的色彩为主，画面整体明亮、鲜艳，给人以活泼、跳跃、分外醒目之感（图1-1）。

（2）文学类书籍设计

散文类的文学书籍一般意境深邃，语言优美、凝练。封面设计一般采用"写意"的手法，用有意境的图形或者图案来体现书籍内容的神韵。诗歌和戏剧类书籍装帧设计相对来说更为自由、灵活，内页版式上由于字数相对较少，就会更加注重版式设计，一般采用居中对齐方式，有时会在页面插入插图等。文字字体也较为庄重，多用黑体或宋体；整体色彩的纯度较低，视觉效果沉稳，以反映书籍内容深厚的文化特色（图1-2）。

［图1-1］ 儿童类书籍

［图1-2］ 文学类书籍

（3）艺术类书籍设计

艺术的种类繁多，书籍审美个性的体现是此类书籍设计的特点（图1-3）。

（4）经济、科技类书籍设计

经济与科技是比较理性的、严谨的学科，由于其专业性、学术性较强，绝大多数是实用性教材，信息量大，且大部分内容无法用具体的形象来表达，就需要我们把某些抽象的原理或者概念通过联想、创意进行加工概括，创作出新的景象，最终与读者产生共鸣。

（5）工具类书籍设计

工具类书一般比较厚，使用率高，因此在设计时，多加强经久耐用的功效，防止磨损，多用硬书皮做封面，封面图文设计也较为严谨、工整，有较强的秩序感。

（6）杂志期刊类书籍

期刊封面的标识、刊名应该设计得有个性特色，醒目突出，便于读者识别，培养读者对期刊特有艺术符号的忠实度。设计要素的把握、字体、图形、色彩的选择运用，必须结合期刊内容来确定；稳中求变，变化中体现整体统一，局部服从整体，如果没有定位上的调整和改变，尽量不要让杂志改头换面，这样会影响刊物的发行和销售（图1-4）。

知识链接 | **闻一多的书籍装帧思想**

[图1-3] 艺术类书籍

[图1-4] 杂志

第二节　书籍形态设计的流变

一、书籍形态之源

书籍的产生与文字的形成关系渊源。文字无疑是书籍形态形成的最直接、最基本的要素。

华夏仙人的结绳记事和楔刻记事体现了文字的萌起，结绳记事是最为原始、古老的记事方式之一，他们往往用不同颜色与不同质地的材料为绳，各取长短不一的绳子打结。单结是十，双结是百，三结是千。人们凡遇大事以绳打大结，小事则打小结。在粗绳上拴长短不齐和颜色不齐的细绳，细绳上打着许多结，结离粗绳越近表示事情越重要，黑结表示死亡，白结表示和平，绿结表示谷物，红结表示战争等。结绳除能够记录数量，还能够表示事物的性质和关系，用不同的结式和结的多少、大小来记录生活中所发生的事情，并发展到用以治理家族部落。

后来又在甲骨、石块、木片、陶器、铜器上刻化符号，逐渐孕育出象形表意的文字系统。以后逐步演变为金文、篆文、隶书、草书、楷书、行书等字体、文字记录下华夏民族的历史（图1-5）。

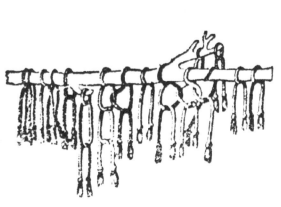

[图1-5]　结绳记事和楔刻记事

1.陶器上的符号

文字是书籍产生的基本条件，据考古发现，中国远古时期在陶器上刻画符号用以表明意图、传播思想。距今有五六千年历史的西安半坡遗址出土的陶器纹饰上刻有规则的简单符号，据学者推断，这可能是中国最原始的文字，此文字的刻画行为也是书籍形成的原始动机（图1-6）。

2.甲骨文

公元前11至16世纪的商代，统治者将文字视为神的文字，通过写在龟甲和兽骨上文字的变化来占卜未知事情。甲骨文字的排列颇具形式美感，据《尚书·多士篇》中记载："惟尔知，惟殷先人有册有典。"其中的"册"字似乎就是甲骨刻上文字后串在一起的形状："册"字，甲骨文写作""，金文写作""。"典"字，甲骨文写作""，金文写作""，像两只手捧着简册，有非常尊崇的含义。由此可见，当时的装帧形态主要是通过在甲骨上穿孔，再用连接物把甲骨一片一片地编起来，即我们后来所说的"页"。直到现在的动画设计中还依然使用"帧"来表示关键性的停顿。中国最早书籍形态雏形的甲骨"书"，就是将刻有甲骨文字的龟板尾端右角刻上编号然后穿孔连接起来，成为一叠可以连续翻阅的信息载体（图1-7）。

3.钟鼎文

至西周时期，青铜器的发展达到鼎盛。一些关于战争、条例、典礼等大型活动被记载于青铜礼器的内壁或腹底，从而形成更完整的文字记录，人们称之为"铭文"或"钟鼎文"。兽骨、龟甲上的甲骨文，以及青铜器上的钟鼎文，都是最初的书籍形式。钟鼎文的排列延续甲骨文的排列方式同时更加完善，直行从上往下，横行从右往左，行间距大于字间距，整体篇章布局高贵典雅，呈现王室风采。整体外形以青铜器物外形为载体，故呈现出圆形、弧形等不同形式（图1-8）。

二、中国书籍形态的演化

中国书籍的形成与发展，以书籍制度进行划分为：

[图1-6] 陶器上的纹饰

[图1-7] 甲骨"书"

[图1-8] 钟鼎文

简策制度（周代至秦汉）

卷轴制度（六朝至隋唐）

册页制度，其中由卷轴装演变为册页形式，包括经折装、旋风装、蝴蝶装、包背装、线装（五代至明清，有的形式至今还在沿用）。

1. 竹简

竹简沿用时间很长。汉初在孔子的旧宅发现古文字写的尚书、礼记等几十篇就是竹简。一般是将大竹竿截断，劈成细竹签，在竹签上写字，这根竹签叫"简"，把许多简编连起来叫作"策"，简和策是以文字的多少来定的，简写多了就编成策（册）。因此，用竹做的书，古人称作"简策"。"简"的背面写上篇名及篇次，当简册卷起时，文字正好显露于外，便于人们查阅和检索。

编简成策的方法就是用绳将简依此编连，上下各一道，再用绳子的一端，将简扎成一束，就成为一册书，编简一般用麻绳。通常一策是一篇首尾完整的文字，策的开头有两根空白的简，称为赘简，相当于现在的护页，目的一是为了保护里面的简。二是为了有个过度的空间，舒畅之感。赘简之后，一般每简只写一行，少的只有八字，多的三四十字。第一简是篇名，篇名之后是作者姓名，然后再写正文。写完后从左向右卷起，成为一束。许多策常用布或帛包起，叫帙；或用口袋装，叫囊；相当于现在的书盒（图1-9）。

[图1-9]　竹简

2. 版牍

古人把树木锯成段，剖成薄板，括平，形成二尺、一尺五、一尺、五寸等不同长度的规格，其宽度一般为长度的三分之一。记载在木牍上的文字，一般称作"方"或者"版"，故后人也称"方版"为"版牍"。版牍面积相对简策较大，因此常用于地图、书信等题材，所以地图现在仍有"版图"之称（图1-10）。

但是简策也有缺点：首先是竹木很重，占地方，使用也不是很方便。其次是久了绳子易断，产生脱简和错简，很难复原，因而后来发展为缣帛的书。

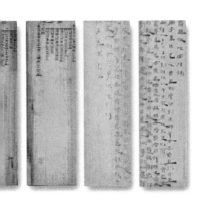

[图1-10]　版牍

3.缣帛

卷是用帛或纸做的，是书写内容的正页。

在竹木的书盛行的同时，出现了写在丝织品上的书，丝织品当时有帛、缣、素等名称，所以这种书要称为帛书、缣书、素书。当时还有人要用图画来说明的书，而简很狭窄，因此就用帛来书写。帛柔软轻便，易于携带保存（图1-11）。

【图1-11】 缣帛

4.卷轴装

帛是很贵重的物品，这时候纸已经发明，因此就有人用便宜的纸来写，帛就被纸代替了。和今天的中国画轴形式相似。卷轴的抄写方法是：依据纸的长短大小而定，写完后，再续。然后把他们粘起来，加一根轴，卷成一束，便成卷轴。卷口用签条贴上书名。轴一般是木质的，也有工艺之分，有竹、金、珊瑚、玉轴。卷子左端卷进轴内，右端在外，为了保护它，另外用纸或丝织品粘在前面，叫镖或包首。镖头再系带子，把卷轴扎起来，镖和带也是很讲究的。卷、轴、镖、带是卷轴装的四个主要部分（图1-12）。

5.贝装

贝叶经最早出现在印度，后随佛教传入中国，在我国西藏、云南众多寺庙中保存了大量贝叶经文。这些佛学经典都是狭长的单页梵文贝叶经的形式。贝叶是植物的叶片，经一套特殊的制作工艺制作而成，所刻写的经文用绳子穿成册，上下垫以板片，再用绳子捆扎而成，可保存数百年之久。受这种装帧思想的影响，古人发明了汉文的"梵夹装"。一般将纸张书写或雕印的经文效仿贝叶经，上下夹木板，夹板中段打两个圆洞，用绳索两端分别穿入洞内，将绳索结扣用木板相夹，而后以绳索、布带捆扎。梵文是由左向右写的，与中国自上而下的书写方式不适应，因此改为竖写形式（图1-13）。

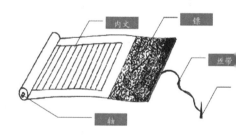

【图1-12】 卷轴装

6.经折装

卷轴装翻阅起来也有些不方便的地方，要查阅中间某一段，就要全部展开卷轴。所以有人把长卷纸反复折成几寸宽的一折，首尾粘在木板上，称为经折装。经折装书双面抄写，但很接近册页形式了（图1-14）。

7.旋风装

在唐代后期，产生了旋风装，是卷轴装转变成册页装

【图1-13】 贝装

[图1-14] 经折装

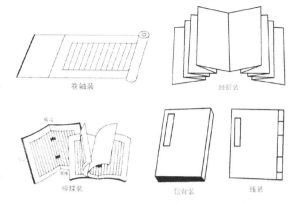

[图1-16] 不同的装订形式

[图1-15] 旋风装

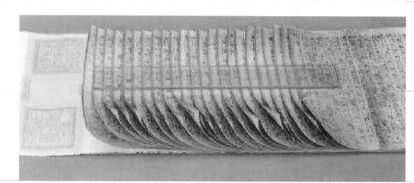

的过渡形式。以一条长纸作底,第一页单面书写,全裱于卷端,下页依次把右端相错贴在上页上。展开时象龙鳞,收时象旋风,因此而得名。虽没脱离卷轴外形,但阅读上快很多(图1-15)。

8.蝴蝶装

印刷术发明以前,书籍全是手抄,知识流传是缓慢的。印刷术的发明对人类文明做出了巨大贡献。中国的毕昇发明活字印刷、欧洲的古登堡的活字印刷术给书籍带来巨大的影响,册页形式是现代书籍主要形式。

旋风装的书久后,书页的折叠处易断裂,后来逐渐演变成蝴蝶装,是一个印版就是一页,书页反折,使版心朝里,单口向外,并将折口都粘在一张包背的纸上,由于翻动时像蝴蝶展翅,因此而得名。

9.包背装

由于蝴蝶装在翻阅时常见空白页,必须连翻两页才能看下去,不方便,就出现了包背装。包背装和蝴蝶装相反,书页正折,版心朝外单口向里,订好后外面加封面,连书脊包起。这种装订方式很像现在的平装书籍(图1-16)。

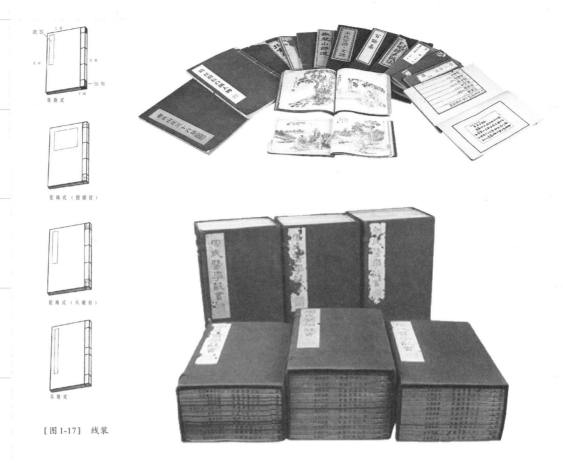

[图1-17] 线装

10. 线装

线装始于明代中叶（公元14世纪），盛行于清代。线装是从包背装发展起来的，不用整纸裹书，而是前后分开为封面和封底，不包书脊，用刀将上下及书脊切齐，再在书脊处打孔，用线串牢，打孔穿线，订好。一般有四眼钉法，也有六眼钉和八眼钉，讲究的还在上下角用丝织品包角（图1-17）。

11. 中国近代书籍形态

在中国，由于漫长的封建社会束缚，书籍的生产和艺术表现一直处于缓慢发展的状态。公元19世纪以后，中国开始采用欧洲的印刷技术，但发展缓慢，直到20世纪初，现代的机械化印刷术才取代了一千多年来的手工业印刷术的地位。

由于现代印刷术的影响，书籍的形式和艺术风格发生了变化。书籍的纸张逐渐采用新闻纸、牛皮纸、铜版纸等，原来的单面印刷变为双面印刷，文字也开始出现横排。这样，更有利于书籍生产和阅读。

1919年五四运动以后，文化上出现了新的高潮，这一时期的书籍艺术也有了较大的发展。鲁迅是中国现代书籍艺术的倡导者。他亲自进行书籍设计，介绍国外的书籍艺术，提倡新兴木刻运动，为中国现代书籍设计的发展奠定了坚实的基础。除封面外，鲁迅先生还对版面、插图、字体、纸张和装订有

【图1-18】 鲁迅先生作品

【图1-19】 优秀书籍装帧设计

严格的要求。鲁迅先生提出"天地要阔、插图要精、纸张要好"。主张版面不要排得过满过挤，不留一点空间，强调节奏、层次和版面的整体韵味。他自称为自己是最早的"包边党"。鲁迅先生不但对中国传统书籍装帧有精深的研究，同时也注意吸取国外的先进经验。因此，他设计的作品具有民族特色与时代风格相结合的特点（图1-18）。在鲁迅先生的影响下，涌现出如陶元庆、丰子恺、陈之佛、司徒乔、庞薰琹等一大批学贯中西、极富文化素养的书籍设计艺术家，为读者营造温馨朦胧感。他们的研究与探索都为我国的书籍装帧事业做出了巨大的贡献（图1-19）。

三、西方书籍形态设计的发展历程

公元前30世纪埃及的莎草纸是古代使用最广的文字载体。古埃及人很早就发明了莎草纸，用纸莎草制成的书写介质作为当时主要的书写材料。以纸莎草纸为材料的卷轴，因无法折叠、不能正反书写的缺点促成了另一种书籍形态——册籍的诞生（图1-20）。

在卷轴与册籍两种形态共处了两三个世纪之后，册籍取得了主要地位，而这种新形态的变革则取决于羊皮纸这种材料的使用，羊皮纸使书籍更结实，更易搬运，这种纸的特性促成了书籍行业的一度繁荣。中世纪时期的某些著作还装饰有宝石、象牙等，甚至有的书籍被装订成铃形而悬挂于腰间成为一种装饰。实际上，从册籍的出现到印刷术的发明，中间历经了一千多年，在这期间书籍已经获得了完整的形式。

15世纪前后的欧洲，由于经济和文化的发展，手抄本无法满足日益增长的社

[图1-20] 纸莎草制成的书

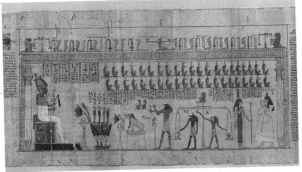

会需求，使欧洲的印刷术有了新的发展。古登堡是西方印刷史上一个革命性的人物。15世纪中叶，他在德国的美因兹造出了使用合金活字的印刷机，研制出了印刷用的印油和铸字的字模，印出了欧洲第一部活字版的《圣经》。有人认为古登堡活字印刷的发明只不过是对于手抄本这一次形式的重复，而实际上古登堡改变了西方思想及传播的历史，使欧洲摆脱了中世纪手抄本时代，印刷业得以迅速发展。

19世纪现代主义的艺术思潮冲击着手工制书业，机械化的发展将手工书籍挤向边缘。工业大革命后的批量生产使设计水平急剧下降。裁纸、切边、压印、缝合都能由机器来完成，这种生产的分工使书籍各部分失去了和谐，加上资本家追求利润，书籍变得商品化，机械制书，艺术趣味寡淡。

19世纪末，被人们誉为现代书籍艺术的开拓者威廉·莫里斯（图1-21）提出艺术品手工制作才是最好的，机械化不可能实现手工艺术。他认为艺术不能只限在绘画和雕塑里，还应该在生活里，主张消灭艺术和生活的界线，使生活艺术化。在他所倡导的工艺美术运动推动下，手工装帧工艺又在英国勃发生机。他建立了设计到印刷的"凯姆斯科特"印刷厂，设计出最著名的古朴幽雅、强调手工艺特点又便于印刷的"戈尔登"美术字体。他的成就是不以商业为目的，而是为书籍爱好者设计精美的书籍、美观的字体、讲究的版面、优质的油墨和纸张、漂亮的印刷和装订。莫里斯唤醒了提高书籍的质量和责任感，意义是非常深远的（图1-22）。

莫里斯的设计喜欢版面排得华丽而拥挤，特别是扉页和每章的第一节，多采用"工艺美术"运动的典型特征：缠枝的花草、精细的图案、首写字母也是华贵装饰（图1-23、图1-24）。

20世纪初出现的现代主义风格的书籍发生了翻天覆地

[图1-21] 威廉·莫里斯

[图1-22]
莫里斯的第一件装饰
字体草稿

[图1-23]
《呼啸平原的故事》目录
页与首页／莫里斯

[图1-24]
《金色传说》扉页和
首页／莫里斯

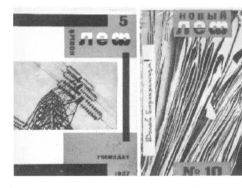

[图1-25]
《艺术左翼战线》杂志

[图1-26]
《未来派自由派语言》

的变化。受同时代艺术思潮的影响，表现主义、未来主义、达达主义、欧普主义、超现实主义和照相现实主义等都在封面、插图、版面设计上有所体现（图1-25）。

其中，未来派的版面强调表现感情的爆发和运动感，采用无约束的构图和狂乱的线条，效果强烈就行，文字不是表达内容的工具，而是作为视觉因素，成为绘画图形一样，自由安排和布局，不受任何固有原则限制，这对于传统的设计有严重的冲击（图1-26）。

四、概念书籍设计形态

　　随着书籍艺术的发展，人们审美能力的提高，设计者理念的转变与创新，现在的书籍设计已经不仅仅是普通的四四方方样式，在形式上有了新的姿态。它不仅仅是书，也可以是一个网球、一个挂件……甚至是一件艺术品。

　　概念是反映对象本质属性的思维方式。概念书是指充分体现内涵，但与众不同、令人耳目一新、独具个性的新形态书籍。概念书是一种关于书的思想体现，其形态不一定是现代流行的纸质书籍，阅读方式不只是简单的看和读，可能还有听、摸、闻、吃，甚至直接从大脑神经输入信息方式，其功能也是各种各样的。概念书的设计意义不仅仅只是为了发明制作一种具体能看能用的书，更为重要的是它传达出什么样的信息，能给人怎样的想象空间，甚至它有可能是未来书的创意灵感起点和来源。概念书籍设计的目的是延展书的概念，生成相关的概念，同时发展思维的多向性、多层面性，以及多样

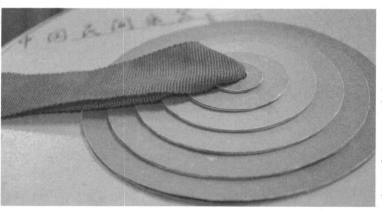

［图 1-27］《中国民间器乐》\高文翔

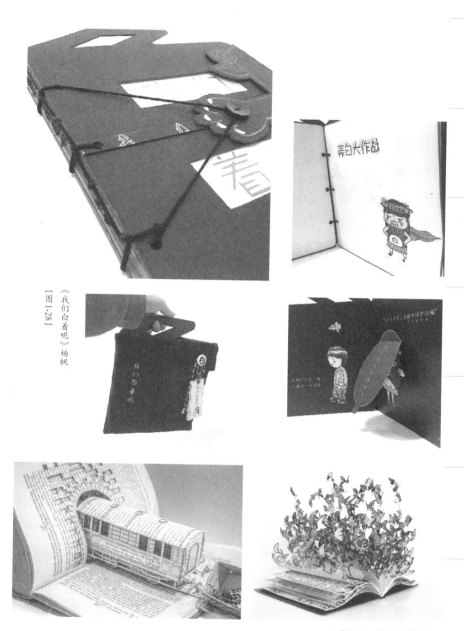

《我们白看呢》杨帆
[图1-28]

[图1-29] 概念书籍设计

化的表现形式和手段，因此概念书籍的设计更强调的是书籍本身的实验性质。当我们把设计的功能暂时隐没，把形式进行挖掘，人们会发现，这时的概念会变得无比强大，同时也具有了无限的可能性（图1-27～图1-29）。

知识链接｜ **中西书籍文化之比较**

第三节　书籍设计的基本特性

一、书卷气息与商业特性的帷幄

书籍设计的书卷气息和商业特性各具特点，有相对的独立性，二者是对立统一的关系。中国人注重神韵、品位、气韵。"气韵"，在书籍里可理解为书卷气息。书卷气息是要靠感觉体会出来的，体现的是文化精神，表现为装帧的品位、格调，倾向"静美"。其内涵包含"儒、释、道"的文化精神，包含儒家推崇雄浑、典雅、和谐的中和之美，老庄提倡飘逸、自然的萧散之美，佛学提倡空灵的禅意之美。多元文化的现代社会需要传统的书卷气息、热情的书卷气息、飘逸的书卷气息、辉煌的书卷气息。

然而书籍本身也是商品，要进入商业渠道发行。广告对书籍的销售起到很大的作用，但书籍设计的广告味应融于艺术与理性之中，既要带有书卷气息，也要有商业特性，二者的恰到好处才能吸引读者、激发读者的购买欲望。书卷气息不仅不会降低书籍的商品价值，还会提升书籍的商业价值，并使读者得到更高的审美享受。如果商业味过浓，把封面设计变成广告宣传画，完全充满了商业气息，反而失去了书籍该有的气质与味道。

二、传统艺术与现代技术的结合

中国传统文化博大精深，数千年来多元民族文化积累了丰厚的艺术形态和美学内涵，为当代艺术设计带来取之不尽、用之不竭的创造源泉。中国传统书籍设计呈现出古朴、儒雅富有中国传统文化的特有的美感。

随着科技的发展，电脑技术的更迭，印刷工艺的提升，给书籍设计的发展提供了更广阔的创意空间。今天的书籍应该在继承中国传统文化精髓，发展工艺技术之长的同时，注入新的元素，借鉴西方现代书籍设计精华，用自己的创作理念与实践，探究传统艺术与现代技术的融合之路，为中国书籍设计打开一扇极具中国韵味的现代设计之门。

吕敬人书籍设计作品《子夜·手迹本》，这本著名的设计构想中注入了传统与现代的兼容意识，着力营造那个时代的气氛。借鉴传统文人的书匣形态设计书盒，封面书函的造型、设色、用材均力图突破传统书籍设计的固有模式，强调书和读者之间阅读行为的动感过程。拿起书籍，从书盒中抽出书函，

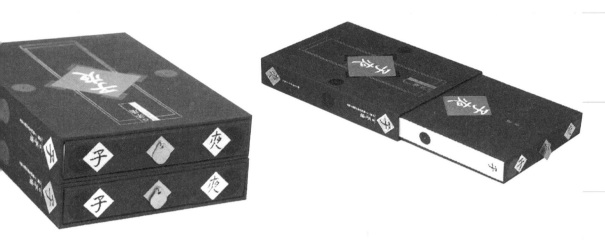

[图1-30]
《子夜·手迹本》/吕敬人

启开封面，翻开书页，跳动的文字、图像、线条、视觉的、触觉的、嗅觉的、听觉的等感受随之而来，形成有特点的媒介传递方式（图1-30）。

三、整体构架与局部设计的统筹

书籍设计是一个立体的、多侧面的、多层次的、多因素的整体系统工程。书籍设计者在掌握信息内容并进行理性的整理后，进行有想象力的书籍整体设计，达到外在与内在、造型与形态、整体与局部的完美统一。

整体美是多因素、多层次构成的动态系统，绝对不是静止不动的。书籍设计艺术的整个审美过程就是个动态的过程，书与人之间产生具有动感的交流。当我们被一本书所吸引的时候，我们走近书，想拿起书进行阅读的时候，书与人的关系是一段动态的过程；当我们拿起书，目光扫视封面上的书名、图案，看书脊，书与人的关系也是一段动态的过程；接下来，再把书翻转过去看封底的设计，之后又进行360度的翻转来看封面，书与人的关系还是一段动态的过程；再接下来，我们打开书翻看书的内页，每翻一页图书内页都是在动的。图书设计已不能只顾及书的表皮，还要赋予包含时空的全方位整体形态的贯穿、渗透。图书设计包括外部系统设计的开本、函套、封面、环衬、扉页；内部系统设计讲究内文、标题、跋、旁注、页码、字体等的整体运筹（图1-31、图1-32）。

四、内容思想与形式创意的整合

一个书籍作品要根据内容去寻找它的表现形式，一定要遵循内容思想与形式创意的统一。内容和形式是体现书籍的两个方面，书籍的文字、图形、色彩都是为了内容服务的，如果只是注重内容而忽略形式，那书籍则缺乏美感，阅读起来毫无趣味；如果只是追求形式而忽视内容，一味地把认为美的元素叠加上去，完全不符合内容的需要，那这些形式将变得单调而肤浅，失

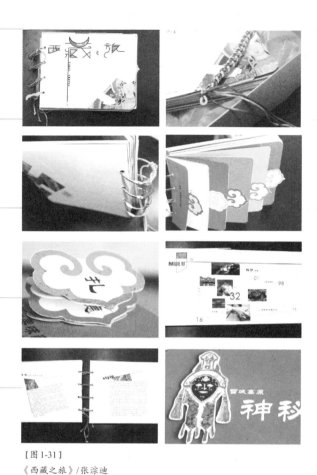

[图1-31]

《西藏之旅》/张淙迪

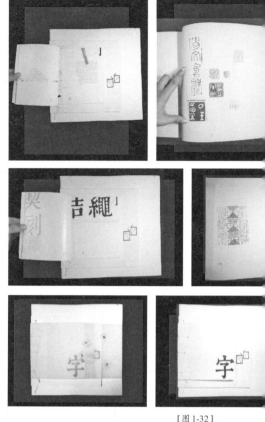

[图1-32]

《字·自白》/袁芳

去了价值和意义。

　　《小红人的故事》讲述了作者去乡间采风、考察的感受及作者创作出充满灵性的剪纸小红人的故事。整本书一袭大红色，从封面上就能看到剪纸小红人，无不浸染着传统民间文化的浓厚色彩，真真切切体现了书籍设计内容思想与形式创意的统一（图1-33）。

知识链接　日本书籍设计大师杉浦康平的书籍设计理念

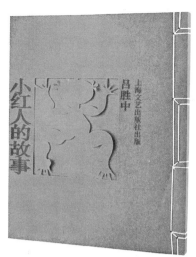

[图1-33]

《小红人的故事》全子

第四节 书籍设计流程

一、市场调研与前期策划

1.阅读原稿

为了理解和抓住作品的主题，设计师通过阅读原稿，可以充分地去了解书籍中的信息，如主要事物、人物、时代背景、服装、场景等。

2.市场调研

设计调研是在书籍设计之前，为了找寻创意灵感而系统、客观地识别、收集、分析信息的工作。根据设计目标拟定问题，经过初步分析研究形成一个客观的建议或策划方案，以供接下来的设计创作在有目的、有计划的状态下稳步进行，避免产生盲目与不具实效的设计结果。通过市场调研可以了解市场上同类型的书籍的设计现状，阅读人群，设计形式、风格、材质、工艺等。

3.设计风格探讨与定位

与作者共同探讨书籍的主体内容，进一步了解书籍中欲带给读者的信息，经过反复的交流并结合前期的市场调研来确定整体设计风格。

二、设计与制作

1.搜集资料

根据确定下的整体风格，搜集相关的资料，如图形资料、历史性资料、文学资料、场景资料等。

2.草图的绘制

草图是初始化表达设计或者形体概念的阶段，在此基础上可以继续推敲与完善，通常不要求很精细，但是应该能够表达初期的意向和概念。如封面字体设计的笔画穿插走势、图形的结构形态、版式的编排规划。

3.封面设计与内文编排设计

草图完善之后可以用电脑进行与编辑创意设计思路对应的封面装帧设计和内文编排设计。封面设计具体包括封面设计、环衬、勒口、扉页、版权页等内容的设计。

4.印刷制作与工艺

设计定稿完成之后，就是制定实现整体设计的具体物化方案，选择材料品种和印刷方式与工艺。这也是最关键的一步，关系到最后落实的物化结果是否能成功。

三、推广与发行

图书作为商品，需要一个整体的营销过程，宣传页与海报视觉形象是其重要一环。在这个营销过程中，作为书籍的整体设计师，需要确定最吸引读者的信息，完成该书在销售流通中的宣传页或海报视觉形象。

| 知识链接 | 将设计调研引入书籍设计的探索

2

第二章
构建书籍整体之形

第一节 图书基本结构与形态

一、图书基本结构

根据功能和结构的不同，一本完整图书设计由外部和内部两大结构设计组成（图2-1）。

1.外部结构设计

外部结构设计包括函套、护封、内封、勒口、书脊、腰封等设计内容。

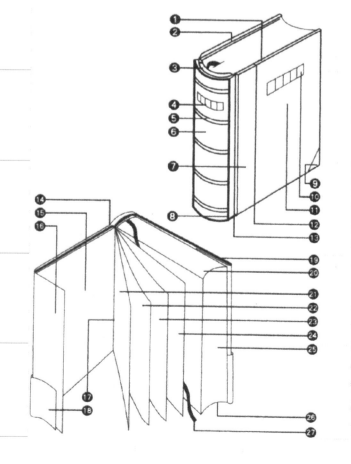

❶ 封面
❷ 封底
❸ 堵头布（臀背衬）
❹ 书脊文字
❺ 起脊
❻ 书脊
❼ 封面出边
❽ 书耳
❾ 书角
❿ 书冠（封面书名）
⓫ 封面
⓬ 出边切线
⓭ 书槽
⓮ 包封（护封）
⓯ 环衬
⓰ 勒口（飘口）
⓱ 订口
⓲ 腰封（腰带）
⓳ 内封（封面）
⓴ 书顶（上切口）
㉑ 环衬
㉒ 夹衬
㉓ 前扉
㉔ 扉
㉕ 书口（外切口）
㉖ 书跟（下切口）
㉗ 书签带

[图2-1] 图书各部分名称

	大度	正度
全开 (1K)	889×1194	787×1092
对开 (2K)	880×590	780×540
四开 (4K)	440×590	390×540
八开 (8K)	420×285	390×270
十六开 (16K)	210×285	185×260
三十二开 (32K)	210×140	185×130

[图2-2] 开本对应尺寸

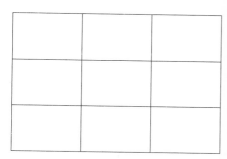

[图2-3] 正开

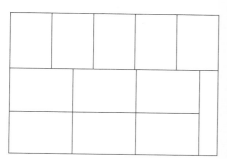

[图2-4] 叉开

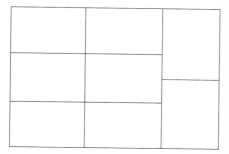

[图2-5] 混合开

2.内部结构设计

内部结构设计包括环衬、扉页、护页、增献页、版权页、目录页、序言页、内页、书签、藏书票等设计内容。

二、开本设计

早期的书籍装帧，由于使用的是手工纸，纸张大小不一，因而无固定开本。只有在机制纸与机械化印刷出现并被书籍装帧所应用后，才真正有了现代书籍的"开本"概念。开本是书籍设计重要的表现"语言"，不同的开本可以体现出丰富的视觉感受和艺术个性。目前，市场上的书籍装帧的开本形式变得越来越丰富多彩。

1.开本的类型

图书的开本是指书幅面的尺寸大小，以整张全开的印刷纸裁成的张数为标准而成，张数则为开本数。如把一张全开的纸裁成16张大小相等的小页，则称为16开；裁为32张小页，则为32开，依次类推。

由于全开纸的尺寸规格不一，所以裁切的开本大小的尺寸也会不同。目前最常见的纸幅尺寸为正度纸787mm×1092mm和大度纸889mm×1194mm。如由正度纸裁切成幅面相等的32小页，成为正32开；由大度纸裁切成幅面相等的32小页，成为大32开，依次类推（图2-2）。

（1）纸张开切方法

① 几何级数开法：此法最常见。以2、4、8、16、32、64、128……为几何级数的开切。还有其他不同的开法，如3、6、12、20、24开等。开法合理、规范，适用于各类印刷机、装订机、折纸机（图2-3）。

② 叉开法分横纵混合交叉开切。开出的小页有横向也有纵向（图2-4、图2-5）。

（2）开本类型及特点

近年来的书籍打破传统的开本形式，开本类型越来越多样。例如大开本给人大气、开阔之感；小开本的玲珑型口袋书方便携带；长开本的书清新别致、充满诗意；异性开本的书个性另类……不同的开本会产生不同的感觉（图2-6）。

① 大开本：12开以上为大开本。大开本幅面宽、视线开阔、展示效果好。适合画册及图表较多的书籍。

② 中开本：12～32开为中开本。中开本大小适中，适用范围比较广，各类书籍均适用。

③ 小开本：40开以下为小开本。小开本玲珑小巧、方便携带。适用于手册、工具书、通俗读物。有一些个性的艺术读物也会给人独特的感觉（图2-7、图2-8）。

④ 异型开本：现在出版业的快速发展，异型开本层出不穷。其异性开本个性、有趣，富有创意。但也可能因为不能被全纸开尽，不利于操作和印刷，会造成一定纸张的浪费（图2-9～图2-11）。

[图2-6] 不同开本图书

[图2-7] 儿童口袋书

[图 2-8] 口袋书

玛辛：招贴书

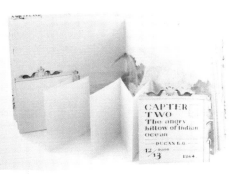

[图 2-9] 《格兰特船长的儿女》/叶一斌

[图 2-10]
《小黑漫游记》

[图 2-11]
《包豪斯》/华紫菱 赵芯琦

2.开本的选择

选择开本可以从以下几个方面来考虑。

（1）书的性质和内容

图表较多的书和配有插图的科技类书，可以考虑较宽的开本，如16开方便图文穿插，图表安排得当。还有一些以图片为主的画册、摄影集和专业书籍，可以采用8开以上，更能体现画册中图片作品的视觉效果，画幅开阔便于细节展示。经典学术理论著作、名著、巨著等可以选择大32开。诗歌、散文等抒情的书，可以选择小点或长窄点型的开本，突显其轻盈别致、秀丽雅致。工具书、口袋书小巧利于查阅和携带可以选择小开本。欲彰显个性，与众不同的文艺类书籍可以选择异形开本。

（2）书的容量

辞海、百科全书等字数比较多的书，因篇幅大可选择大些的开本以便获得合适的书页和成比例的书脊厚度。如果一本字数不是很多的书，用小开本，能得到一个壮观的书脊，很好看。相反，如果选择了大开本，那么因为字数过少像一本薄的本子而显得单薄，没有分量。一本书字数很多，用小开本会有一个非常厚的书脊，显得笨重与开本不协调；另外，因为过厚也容易造成装订断线，不好翻阅。

（3）阅读对象

老年人视力较弱，书中文字适当要大些。儿童年龄小，手掌小，力气不够大，喜欢把书放在膝盖上或桌上阅读，开本可以大一些；也可以选择小巧的口袋书，方便孩子拿在手上翻阅。另外，异形开本的独特形状可以吸引儿童的注意力，让孩子觉得很有趣。

（4）书的价格

全开纸张开尽的书，合裁不浪费纸张，适合机器大批量操作和印刷，成本节约合算。操作异形开本成本价格偏高，易剩下纸边造成一定的浪费，价格往往要在正常开本价格的1.2 ~ 1.4倍以上。

知识链接 开本造型训练攻略

第二节　图书外部结构设计与创意

一、图书设计动态的审美方式

　　人的视觉整体概念是活动的，绝不是静止的。图书的美存在于运动中，"整体美"和"运动美"如影随形。书籍设计的整个审美过程就是一个动态的过程。

　　在图书审美活动中，人与书的关系是怎样的呢？一本书放在桌上，给人的感觉是静止的，但是从审美角度来看，会发现书不是静止的，人与书的关系时刻在变。一本书引起了我们的注意，我们会走近书，书与人的距离发生了改变。翻阅书时，从封面到书脊再到封底，感受到书在我们面前旋转180度，甚至是360度；阅读书，翻动整体书内页的过程也是在运动中。书的美在翻阅的动态中自然产生。

　　如图2-12所示，从整体观念去考虑图书设计，整本书都呈现着青绿与白色的和谐美。有些页面做镂空处理可以透出筒子页装的内页里的那抹青绿，若实若虚的书口处的立体结构，整个图书设计中各符号要素恰到好处，同时又统一于一个整体，诱导读者以连续流畅的视觉流动性进入阅读状态。

　　如图2-13，伴随封面多层展开的动态翻阅是开启心灵的一扇窗从而进入非凡的人生境界。

　　图书设计的审美方式是立体的、动态的，呈现出明显的延续性、连接性的特征，它具有以下几个特征。

[图2-12]《赏诗经》/经纬

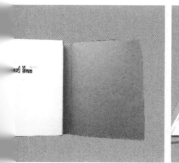

1.动态的立体多面性

雕塑具有体积感、立体感，无论你从哪个角度都会给你震撼，显示多侧面的立体美感。书和雕塑一样，在动态翻阅过程中，欣赏的不仅仅是一张孤立的封面，而是一个从任何角度都可以欣赏的实体空间。

2.动态的多视点审美性

图书设计的整个审美过程是个动态的过程，而人对书的注意力是一个由远至近的过程。封面要在几米外吸引人，又要打动站在书面前的人，把书捧手上细读而能品味出里面的韵味。由于人和书的位置的变化，产生书的多视点审美。所以设计的时候要特别注意远、中、近的设计效果，装帧的大效果与精致图案的互补使用，还有文字的大、中、小的运用等。远看，书气势磅礴，色彩鲜艳；近看，含而不露，趣味横生；拿在手上，精致高雅，韵味无穷。

3.动态的视觉连续性

由于人类具有天然的视觉审美心理，不满足于只能看得见的局部，总想去寻求完整性，把看不到的那一部分也要用想象加以补充，来满足追求整体把握的心理需要。如果我们只陶醉在单纯的封面设计里，而翻到后面却是空白，这时书的整体美就会发生中断现象，心中就会出现失落与遗憾的感觉。所以根据人视觉的连续性特点，设计书时不能只是设计封面，而应该注重书的动态的视觉连续性设计。

4.动态的多层次性

图书是一个多层的由表及里的形态空间，在书翻动的过程中展示着动态的多层次美。这要求设计从函套、封面、勒口、内封、环衬、扉页、每页正文、封底，依此连续整体地展开（图2-14）。

[图2-13]
《非凡的心灵》/刘大程

[图2-14]
《刺绣》/吴倩

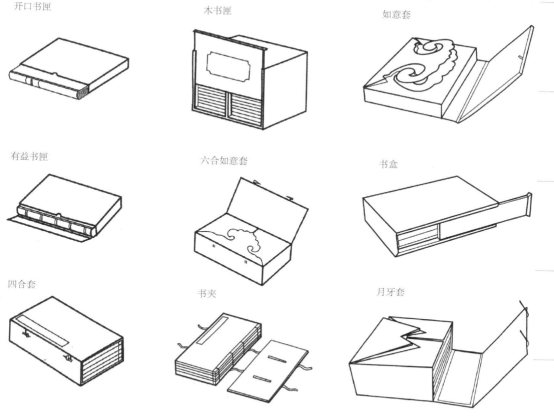

开口书匣　　木书匣　　如意套

有益书匣　　六合如意套　　书盒

四合套　　书夹　　月牙套

[图 2-15]　函套

二、函套设计

　　函套是书籍整体设计中的一部分，其功能在于保护图书及便于携带、馈赠和收藏。古代的书由于都是线装书，其形态柔软，难以站立只能平放或插架，具有携带不太方便的特点，于是函套应运而生。

　　函套设计发生着功能和角色的转换，从单一的装饰、美观、保护基本功能到更具文化、收藏、趣味、信息传递等作用。在设计函套中应该注意：① 充分发挥材料质地的表现力，一般的函盒用硬纸板，也有一些其他材料如皮革、木料、PVC 材料、布艺等；② 结构的合理和具有新意的形式；③ 函套需和里面的封面配套设计组成整体。函套可以运用一切材料，如纸板或牛、羊皮甚至金属，以及一般想象中难以与书籍装帧产生联系的结绳、焊接镶嵌等，真可谓"不择手段"地营造出图书的独特品格，使图书成为绝不亚于其他艺术的珍品。

　　精装书的函套一般有几种形式，如图 2-15 所示。

① 开口书匣：用纸板五面订合，一面开口，书装入时可以露出书脊；

② 四合套：书的四面被包裹，露出书的上下口；

③ 六合套：书的六面都被包裹着。用厚纸板做里，外面裱上棉或丝织物，在开启处，挖成环形或如意形、月牙形，并有扣，通常用骨签加以紧扣；

④ 夹板装：书的上下两面各置一块与开本同等大小的木板，板上穿孔，左右各用两条布带穿于其中加以捆绑，起到保护书的作用；

⑤ 书盒：用于有收藏价值的经典图书，可用木质材料打造。

函套设计应该以符合书的内容与风格为前提，借鉴传统文人的书盒形态、造型、设色、用材，力图突破传统的固有模式，注入内在文化意蕴和现代设计理念、追求个性化、营造时代的气氛（图2-16～图2-19）。

如图2-16，《中国印》的函套设计是以北京奥运水立方场馆为造型特征的外形结构，水立方的形体结构上配合字母加以说明。整体形态凹凸起伏颇有泳池的感觉，蓝色和银灰色的选择与主题内容更为统一。函套与书结合整体感强烈，主题性突出，使人一目了然就联想到奥运水立方，可谓匠心独运。

如图2-17，《京剧脸谱》是一本介绍国粹京剧脸谱的书。函套外部是用封闭的腰带固定的。函套设计在空间的营造上也显得生动有趣，翻开函套后使读者还未完全展开上下盖板，就能看见上下盖板右处挖出的空间里衬出的放进书的封面的脸谱。封面的脸谱也是镂空的，里面的黑色是由折进去的勒口反面印制的黑色衬托出来的，呈现出不同的视觉感受和空间关系，书的多变性为函套空间造型的塑造提供了可能。

[图2-16]
《中国印》/吴勇

[图2-17]
《京剧脸谱》/张蕊

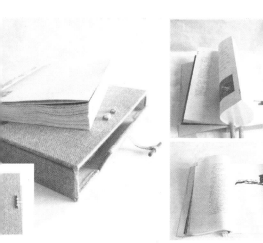

[图2-18]

《笔墨纸砚》/王霞

[图2-19]

《中国道化》

[图2-20]

《学而不厌》

三、封面就是书的脸

书的封面就是书的脸，书的脸和人的脸一样。人脸有各种表情，俗话说
"相随心生"，脸可以反映内心的世界，表露出内心的喜、怒、哀、乐的情
感。书通过封面把书本身的内容表现出来，把读者从外面看不见的元素提炼
出来，做出表情，体现出更深的文化内涵。

《学而不厌》从书的名字里不难看出这是一本非常中国化的书，以作者
四十年的成长经历为线索，讲述了他与艺术的不解之缘。在书中运用的毛
毡、宣纸元素，书法墨迹由白到黑，又由黑到白，反反复复，这正是"学而
不厌"的一个视觉化表达。故将此书设计成用传统毛毡精心包裹着，采用追
求质朴感的裸装书脊，彰显中国笔墨文化，书中穿插了大量仿宣纸，手工折
叠后的装订呈现出上下端书口参差不齐的随性感（图2-20）。

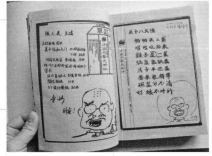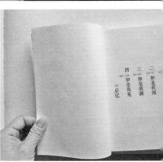

[图 2-21]
《订单·方圆故事》/ 李瑾

　　《订单·方圆故事》一书记录了方圆工艺美术社30多年的发展历程，以书店收存了多年的订单及与出版社的往来信件为切入点，讲述书业人的故事与感悟。这些手写的图书订单，是在早些年书店与出版社之间业务交流最密切的重要工具。而现在网络的发达，下订单都以电子的方式来进行，这个手写订单的设计不免让出版人心生怀念。书名"订单"，源起也正是因为订单。在传统的图书发行体系里，书店需要根据读者的需求不断更换书品，少不了给出版社传真订单需求，吕重华（书店的经营者）有心，将这些订单的底单都保存下来，两尺多厚，万把来张。更值得一提的是，吕重华本身就是美术专业出身，每一份订单的落款处，他不加盖公章，而是画一个漫画自画像，这个习惯居然坚持了十多年。这就像如今的微信表情包，成为方圆书店的一个品牌标识，以至于那些跟他从未见过面的出版社发行人员，都能在图书订货会上一眼认出他。在这本书中，随处可以见到表情不一的自画像，这也成为作者当时心情的记录。正是因为这个特点，在美术图书发行的小圈子里，他小有名气。

　　这本书获2016年度的"世界最美的书"。封面材料用的就是现在常见的快递用的包装纸，书页质地柔软，在装订线的另一侧还有许多被切割开的小页。小页里是最有趣的书中随处可见的光头人像，那是书的作者自己绘制的漫画自画像，每一张表情均不相同，或笑或嗔，十分有趣。这本书的装订制作十分复杂，除去印刷环节，仅装订就需要二十多道工序，全部手工作业（图2-21）。

现代书籍设计中，图像、文字等一切可以发挥作用的要素，随着点、线、面的趣味化和游戏化、跳动变化，起伏升华，编织一出有韵味的戏剧，书的生命也随之诞生。总之，书籍设计是一个整体的设计，要有与之相适宜的字体和版面、扉页和环衬、封面和护封等默契配合，达到各部分的和谐一致，才能成为一本美观的书籍。

封面的任务是保护书、美化书及封面广告任务。书的封面表达的是一定的意图和要求，有明确的主题，它不是书内容的详细图解，封面设计要以最少的素材创造最大的空间，以最简洁的语言表达最深刻的含义。在设计构思过程中我们需要对书的内容有一个深刻的、全面地了解，并对书的主题进行归纳和总结，需要全盘考虑在护封设计中可能运用到的文字、图像、色彩等各种元素。

1.明确封面文字信息

封面文字通常有书名、副书名、丛书名、作者名、出版社名、内容摘要等。封面的文字要有主次，一般要突出书名文字，书名就是书的主题，是读者最关注的。有些书的封面上会有一些内容摘要的文字，一方面可以方便读者从封面就能快速了解主题内容，另一方面也可以使封面形成文字的底面，丰富封面的层次，尽显"书卷"气息。

2.产生共鸣的封面图像

图像是一种世界性的语言，它超越地域和国家，能很容易地被人们所感知接受。封面图像是指封面上能表现书的内涵与主题，并能引起读者思想情感并产生共鸣的图形。封面上的图像创意是封面设计的主要任务，表现形式可用摄影图片、绘画作品、装饰图案、几何图形、各种插图等描绘书籍的内容。

封面的图像表现形式主要有具象型、抽象型、装饰型、象征型。

（1）具象型

这是一种较为直接的表现手法，将书的中心主题用写实、具象的图形表现，让读者阅读起来很直观，给人真实、而富有场景之感。如历史题材的书籍、美食类书籍、少儿类书籍多采用具象型，可以准确生动地体现所需的内容（图2-22）。

（2）抽象型

抽象型是对自然界真实的物象提炼、概括、归纳后形成新的抽象表现形式。利用抽象的点、线、面表现手法，表现出更具有诠释内容的想象空间（图2-23）。

[图2-22]　具象型

[图2-23]　抽象型

[图2-25]

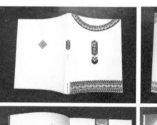

[图2-24]　装饰型
《贵州蜡染》/ 曹有志

（3）装饰型

从古流传至今，具有装饰风格的艺术元素和具有传统韵律之美的装饰语言，运用在传统风格、艺术风格的书籍上体现出文化之韵，属于装饰型。

《贵州蜡染》是作者介绍自己的家乡——贵州民间艺术蜡染的一本书。全书以蜡染的蓝色基调穿插。函盒直接采用蜡染布料进行加工，并装饰盘扣符号。封面采用装饰型纹样，封底的图案和色彩保持和封面一致的连贯性，正文内页每一章都配置蜡染纹样，使文章得到民间艺术元素有力的衬托（图2-24）。

（4）象征型

这是一种间接地用联想、象征、隐喻的手法围绕书的内容进行形象化的再造方式，呈抽象的、装饰性的或漫画性的形式。艺术作品的隐喻之美，通过视觉形式来传达某些难以言表的意味、情绪或气氛，隐喻的想象之意产生有意味的形象（图2-25）。

象征型还能产生趣味性，趣味性是指在图书形态整体结构和秩序之美中表现出来的艺术气质和品格。具有趣味美的作品更能吸引读者（图2-26）。

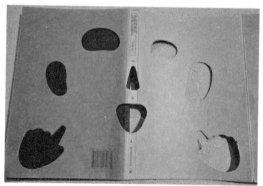

［图2-26］ 象征型

［图2-27］《遗忘海》

［图2-28］
《山西古镇》/弓雯雯

3.封面色彩的感染力

　　色彩是人类对于外界物体的视觉反应，也是物体信息传达的要素之一，人们的生活环境存在着千差万别的色彩，色彩信息的摄取与表现是无限的，同样，在书籍设计中色彩作为信息传达的重要手段，其表现力也是异常丰富的，不同的色彩有着自身的性格特征。色彩是封面设计不可缺少的要素之一。在众多的形式美中，色彩是视觉神经反应最快的一种，日常生活中人们寻找熟悉的物体时，一般都是从色彩入手，这就充分说明了人对于色彩的敏感性以及色彩信息的差别。色彩中红、黄、蓝、绿等各种不同的色相，以及它们相互搭配产生的色彩关系，都可以成为表达图书内容的有力手段。设计师要把握色彩个性情感和表达内容的一致性，充分发挥色彩在书籍设计中的视觉敏感效应。

　　如图2-27所示，《遗忘海》的色彩给人的含蓄之美。

　　如图2-28所示，《山西古镇》整个色系的土黄色准确地表达了作者家乡山西的地域风貌。封面图形选用山西古镇民居的建筑通过提炼、概括、归纳后形成的抽象表现形式。

［图2-29］
《平如美棠 我俩的故事》｜朱赢椿

4.封底的潜在美

在书籍设计的整体设计中，封底设计不是可有可无的，而是非常重要的一环，封底也是整体的一部分。它不像封面那样光彩照人，那样尽情地表现自己，但封底应该保持和封面的连贯性、呼应性和主从关系。封底设计不是一个颜色、打个定价而已，可以有书的介绍，封面图案的补充等丰富的内容。书的封底具有潜在美感，封底更多时候是起着衬托作用的，它默默无闻地烘托着封面。封底所具有的是一种潜在美，它不在于炫耀，而是隐匿在书籍设计的整体美之中。我们在做封底设计的时候，要特别注意封底内容与封面内容的互相呼应。封底设计既要能简单地引用封面的图案要素，又要减弱视觉的冲击力，不能干扰封面的设计内容（图2-29）。

四、书名的点睛之笔

书的封面是书的脸，那么书名就是书的眼睛，是书的点睛之笔。读者看书首先关心的是什么书，"一看名，二看皮，三看内容"。读者第一眼看到的就是书名，如果一本书设计得看不清书名，那设计是本末倒置的。书籍封面的文字，具有传递书籍主题信息的作用，能够体现出书籍的品位、格调及风格，在设计书名文字所透露的意韵就能使读者感知到书的气质。书籍封面上的文字，除了使人们产生理解、想象和联想以外，字体本身的形态，成为设计师表达情感的载体，不同的字体形态可以表达出不同的感情。

目前市场上越来越多的书的书名设计不用电脑字库的字体，"规矩"的文字已经成为过去，创意字体出现在封面设计上，成为现在的主流。在字体的创新中，我们必须抓住汉字集形象、声音和辞义三者于一体的特性，要在遵循文字设计与图书主题匹配的前提下，运用丰富的想象力，灵活地重新组织字形，别出心裁地设计。

下面总结了书名字体创意设计的几种方式。

[图2-30] 大书名设计

[图2-31] 小书名设计

[图2-32]
《赤彤丹朱》/吕敬人

1.大书名设计

在市场上很多的书名设计中，为了让标题能够跃入读者的视线，增强标题的视觉冲击力，采用以大取胜的方式，粗大黑重标题大大增强了视觉冲击力，给人醒目、壮观、大气的感觉（图2-30）。

2.小书名设计

小书名出现在封面的某个角落，大面积的留白衬托出小出名的精致、品位与格调（图2-31）。

3.文字变形

文字变形主要指文字笔画连接、共用、简省、概括与断口设计等方法，让书名设计与众不同，独具匠心（图2-32、图2-33）。

[图2-33] 《习家池》/汤盛行等

[图 2-34]
花体字设计

[图 2-35]
融合古典及地域元素
的特色字设计

如图 2-32,《赤彤丹朱》封面的书名设计体现了实体与虚体相互借用的手法,它给人一种错视感,具有强烈的互利关系。抓住字的主要形态特征,减少笔画,又不影响信息表达。《赤彤丹朱》封面的字体设计既采用了"互用"笔画的方法,同时也是减少笔画的设计案例。

4. 花体字设计

花体字外形具有浪漫的、柔性的女性曲线感,适合两性读物或女性读物(图 2-34)。

5. 融合古典及地域元素的特色字设计

该类型是指将象征性的典型图案——回纹、篆体字、祥云纹、篆刻、剪纸、书法等古典或地域性元素,结合字义融合现代设计结构进行设计。其主要手法是文字含义寓意于图或文字本身的笔画,使人产生联想,适合传统文化类主题的书籍设计(图 2-35)。

6. 手绘童趣

POP 字、手写字的手绘法,给人亲切、可爱的感觉,适合儿童题材的童趣化设计,青春小说类的书籍设计(图 2-36)。

7. 元素替换

元素替换指用图形、材质等元素添加或替换汉字结构进行设计。这种手法是对汉字形态注入新鲜血液的创作思路,借用汉字本身形态以外的元素来对汉字进行新的视觉形态转换(图 2-37)。

[图2-37] 元素替换

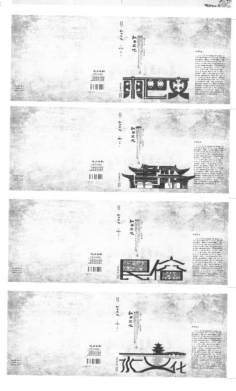

[图2-36] 手绘童趣

[图2-38] 立体字设计

8. 立体字设计

文字的立体造型，个性、时尚、稳重（图2-38）。

9. 适形设计

这是指适合正方形、圆形等形状的文字设计。该设计可以让文字紧凑排列聚集在一起，以块面的形式很好地凸显出书名（图2-39）。

10. 组合方式

文字组合中形式上的鲜活性，如单个文字与其他字组合中的变异，即拉长、压缩、拆借、大小对比等；当书名、作者名占出版机构文字的复合并置时，应以他们之间可以衔接、照应、互动的文字造型来共同传递不同层面的信息（图2-40、图2-41）。

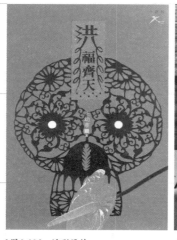

[图2-39]　适形设计

[图2-40]　组合方式一

[图2-41]　组合方式二

五、书脊是图书的第二张脸

当读者走进书店浏览书架上的书时，首先映入眼帘的是书脊。书脊就是书的脊背，书籍的内页形成了一定厚度，经过装订后，便在书的订口部位形成了书脊。在书脊的空间上可以标明书名、编著作者、出版社等，依靠书脊来识别图书。

如果说封面是书的第一张脸，那么书脊就是书的第二张脸。书脊设计并不是孤立存在的，它是书籍设计整体的一部分。书脊设计要与封面设计的风格相一致，与封面相呼应。根据这个原则书脊上的书名需是封面上书名的再现，设计时风格保持一致。书脊设计风格还要和全书的一致。同时书脊要像封面一样具有艺术魅力，要体现书的内容个性。书脊所处空间范围虽然窄小，但是也是一个可以表达情感的可贵空间，也具有自己的审美个性。书脊的艺术性魅力在于其有趣的艺术形式，直观的形象使读者过目不忘。因此，书脊的标识要明确，应该具有强烈的视觉冲击力和符号意识，以便吸引读者（图2-42）。

如果是丛书设计，书脊上要有丛书名。丛书的每一本书上的书脊要素要保持严格一致，当一起并置在书架上，全套丛书的书脊页可以连续成为一个画面，显现整体美。

如图2-43，吕敬人先生设计的《中国美术家全集》一书的书脊合在一起就是一个完整的陶瓷。

六、勒口是封面的延伸

勒口，是指书的封面和封底的书口处再延长若干厘米，向书内折叠的部分。勒口可宽可窄，一般在6～10厘米左右，但也有超长的，显得气派，这要根据是不是合裁来设计，太长会浪费纸张，太小显得小气。勒口

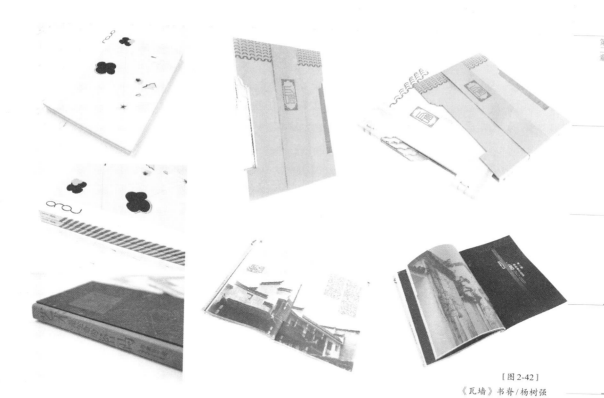

［图 2-43］
《中国美术家全集》/吕敬人

［图 2-44］
《身边的二十四节气》勒口的呼应效果

[图2-45]　勒口设计

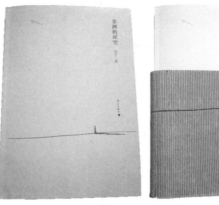

[图2-46]　腰封设计

的出现首先是因为功能，能防止封面书角卷曲。勒口在设计时不只是封面颜色的延伸，而是与封面呼应。把封面上的部分元素引用在勒口上，体现整体感。还可在这里介绍书目和作者的简历介绍，有的再放些小诗增添些许情调。勒口上的要素与封面上的主题图案相呼应，构成了书籍设计整体的旋律（图2-44、图2-45）。

七、增加层次感的腰封

腰封，也叫书腰，在书的封面上另置一条类似腰带形状的设计，多为以配合图书宣传和营销或图书推荐之用。现在是一个"腰封四起"的时代，很多设计非常精美，又符合书的整体风格。还有书的腰封既增加了一个类似小外封的作用，又丰富了封面的空间层次，让翻阅更有仪式感（图2-46）。

知识链接　儿童书的趣味设计

第三节　图书内部结构设计与创意

一、拉开帷幕的环衬

环衬是在书的封面和书芯之间，在扉页前面，有一张对折连一起的两页纸。前面的为前环衬，后面的为后环衬，可以起到加固书芯和封面的作用，纸的选择要厚一点，或用有色纸。通常将扉页和环衬用同张纸印刷，称为环扉，而此结构在设计中经常被忽视。环衬页是封面到正文的过渡，可起到装饰美化作用，其要和整体协调，以淡雅的设计基调为主，起到看完精彩的封面后出现空旷感觉的调节作用，虚实相生的对比（图2-47、图2-48）。

现在的书的衬页结构比较多，衬页的作用就好像进入一个宫殿，要通过几道门才能到主殿的感觉。对于有点个性的书，用黑或深色的环衬很好看；文艺书环衬使用装饰图案很常用；青少年读物和惊险小说的环衬上，印有书中的人物，儿童书的环衬印上卡通或是装饰的花草很吸引小朋友。

[图2-47]《市场营销学》环衬设计

[图2-48]《故宫珍宝》环衬设计

[图2-49] 版权页设计

[图2-50] 赠献页设计

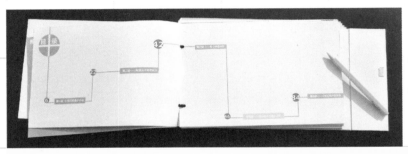

[图2-51]

《跟小米走吧》/洪翠真

二、开场道白的扉页

扉页也叫"书名页",指封面或环衬页后的那一页,是书内部设计的入口,它是书的封面到书芯的过渡,是对封面内容的补充。书中的扉页具有一定的引导阅读作用,可使得读者翻阅书籍时渐渐静下心来,层层进入到书的中心内容中去。扉页包括书名、副标题、译者名称、出版机构名称等。扉页是和封面起呼应作用,设计时一般以文字为主,也可以适当加一点图案作为装饰,也可以把封面元素做简化,稍微变化一下处理,设计得含蓄一些。扉页背面可以空白,也可以印有书的版权记录等。

扉页的出现是书阅读功能的需要,也是书审美功能的需要。因此,我们在进行扉页设计时,要考虑与封面、书芯的前后关系,扉页设计应当与封面的风格取得一致,但又要有所区别,不宜烦琐,避免与封面产生重叠的感觉。

三、避免程式化的版权页

很多人会认为版权页的设计是固定的模式,所以很忽视版权页的设计,导致这一页会给人感觉很程式化,其实稍做改变将会出现耳目一新的感觉(图2-49)。

[图 2-52]
目录页设计一

[图 2-53]
目录页设计二

[图 2-54]
目录页设计三

四、简单朴素的赠献页

赠献页一般是赠献功能的页码表达，对给作者帮助比较大的亲人或挚友表示感谢。一般文字较少，设计时要简单朴素，可以是正文字体，也可以是作者的手写体（图2-50）。

五、一目了然的目录页

目录，书的领航者，是指书正文前所载的目次，记录着图书内容梗概、篇章结构、页码等情况，使其按照一定的次序编排而成，显示出全书结构层次。设计时要眉目清晰、层次分明、节奏有序，让人一目了然（图2-51 ~图2-54）。

[图2-55] 序言页设计

[图2-56] 篇章页设计

六、渐入佳境的序言页

在正文开始之前，作者、译者、编者或是在该领域内具有一定影响力的
人物常常写序、前言等，向读者交代书的意图、编写的过程，强调重要观点
等，对读者的阅读起指导作用，让阅读慢慢渐入佳境。有的序言页落款处会
有写序人的手写签名（图2-55）。

七、抑扬顿挫的篇章节

"文似看山不喜平"说的是文章要跌宕起伏才能吸引人，其实书的设计
也一样，内文的编排也要有层次有节奏。既要让人感觉流畅，又要有起伏
感。对文中的篇、章、节的设计应该加重，这样阅读起来就会有停顿。好比
爬山一样，谁都希望爬会山很累了，在前面有个亭子可以休息一下，这样会
更有劲地爬。文字看累了，在这做个停顿，篇、章、节的设计之间要区别，
这里的设计就要讲究一个艺术性了，要精心推敲。要考虑字体、字号，还要
考虑装饰效果（图2-56、图2-57）。

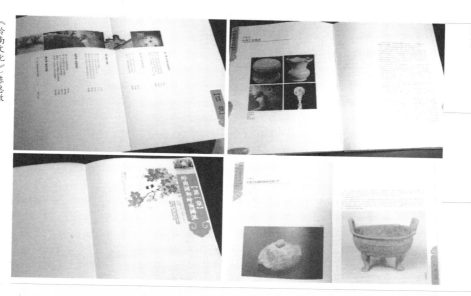

《岭南文化》陈惠敏

[图2-57]

八、尽情演绎的内文页

1.版心、排式的统筹

位于版面中央，排有正文文字的部分叫版心。版心边沿至成品边沿的空白部分叫版口；上边沿至成品上边沿的空白部分叫天头；版心下边沿至成品下边沿的空白部分叫地脚。

书刊版心大小是由书籍的开本决定的，版心过小容字量减少，版心过大有损于版式的美观。对于版心较大的版面则需要分栏，版心内分栏的作用主要有以下四个。

（1）阅读的需要

每行文字的长度限制在最易于阅读的视野范围内，以尽量减少人与头部的移动。分栏过多，分栏过窄，阅读时视线移动频繁，容易造成眼睛疲劳；分栏过少，则栏过宽，阅读时易产生错行而影响阅读效率。

（2）增加变化

当下书刊出版物的发展变化很大，很少有像20世纪80年代以前的书刊那样大竖行大横行地搭列，而是增加了栏的变化，使版面活泼生动起来。呆板、缺少变化的排列，对于标题和图片的配置都已经不适用了。

（3）增"色"度

如果把版面中的图片、标题看成是"黑"，把一个个文字组成的面看成是"灰"。那么版面四周的边由——天头、地脚、订口和切口以及分栏后版心上留出的一行行空白就是"白"。栏与栏之间一行行的空白，打破了版面一片灰的单调，使版面清爽明朗。这就如同礼堂里坐满观众的通道，让拥挤的礼堂空气流通，人也可以自由往来。版面的空白即是读者阅读时透气的"通道"（图2-58）。

[图 2-59]　增加立体感

[图 2-58]
版面的适当留白处理

[图 2-60]　书眉设计

[图 2-61]　页码设计

[图2-62]
《海》切口设计/陈丹宏

[图2-63]
《流水》切口设计/赵清
周伟伟

（4）增加立体感

横排栏是自上而下垂直划分的，每一栏的宽度相等。由于栏的出现，使版面上产生纵、横交错的效果，增加了版面的立体感，从而使版面显得丰满、充实、生动（图2-59）。

2.书眉、页码是读者的引领者

（1）书眉

排在版心周边空白处的文字及符号统称为书眉。书眉的文字信息一般是书名和章节名，用于检索篇章、提示、引领读者并具装饰版面的作用。很多程式化的书眉设计，都把元素放在天头两端（图2-60）。

（2）页码

正文每一面都排有页码。印刷行业中将一个页码称为一面，正反面两个页码称为一页。偶数页码在左面，奇数页码在右面。现在的页码设计不满足于标一个数字而已，从字体的选择到位置的设定、构成结构的关系都会对版面设计造成重要影响（图2-61）。

3.注重切口的细节设计

切口，一般是指书页裁切一边的空白处。切口的设计多为空白的经营布置，越来越多的设计师开始关注切口这一细节，使其体现出非同寻常的设计感觉（图2-62～图2-64）。

如图2-65，杉浦康平《全宇宙志》，当读者们把手放在切口处，将切口向左倾倒时，仙女座星云会展现在眼前；若将切口向右倒时，则会出现弗莱姆斯蒂德星图的一部分。两种不同的图像出现在切口上使读者感受到一份惊喜和收获，这些巧妙和细心的切口设计让这本书成为一本不折不扣掉进了宇宙世界的小小精灵。当我们把手放在切口处，让书页自动翻动，可以快速浏览书中的全貌，由此也可以看出书可产生有瞬间性的动画特质。

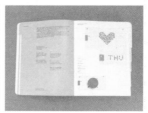

[图2-64] 切口设计

[图2-65]

《全宇宙志》/杉浦康平

知识链接 ┃ 书籍设计中的新契机——互动

3

第三章
书籍版式中多彩的设计元素

书籍版式设计可以理解为在有限的版面空间里，将版面构成要素——文字、图片、图形、色彩等诸因素的组织和协调，运用形式原理，把构思通过视觉形式有序地表现出来，呈现理性思维与感性思维并存的独特书卷气息。

第一节　文字的版式表达魅力

在书籍的版式设计上，文字的编排能散发出独有的魅力。仅运用文字就能制作出很好的版面效果，可以不需要任何图形。通过版面文字阅读可以产生美的共鸣，让本身枯燥的文字变得有趣味性，运用何种文字，如何排列，大小如何搭配，粗细如何分布等等，都会对整个版面和整个设计是否美观造成很大的影响，文字肩负着塑造编排视觉风格的审美功能。

一、字体的个性

版面中出现的字体可以划分为一级、二级……标题、引文、正文、目录、注释、说明、图注、书眉、页码等，应该合理地根据文字信息内容的主次关系，选用不同个性风格的字体。字体的选用是版面构成的基础，通过不同字体的性格特点可以彰显设计的个性。字体在类型上分为汉字、英文、数字三类。

1.汉字

汉字是世界上最古老的文字之一，它是记录汉语的书写符号。在形体上逐渐由图形变为由笔画构成的方块形符号，所以汉字一般也叫"方块字"。汉字特性集形象、声音和辞义于一体，具有象形、形声、指示、假借、会意等多种构字方法。

目前电脑字库字体，种类繁多，风格不一。总的来说根据字体的特性和使用类型，文字的设计风格大约可以分为下列几种：① 秀丽柔美。字体优美清新，线条流畅，给人以华丽柔美之感，此种类型的字体，适用于日常生活用品、服务业等主题。② 稳重挺拔。字体造型规整，富于力度，给人以简洁爽朗的现代感，有较强的视觉冲击力，适合于机械科技等主题。③ 活泼有趣。字体造型生动活泼，有鲜明的节奏韵律感，色彩丰富明快，给人以生机盎然的感受。这种个性的字体适用于儿童、运动休闲、时尚产品等主题。④ 苍劲古朴。字体朴素无华，饱含古时之风韵，能带给人们一种怀旧感觉，适用于传统文化的主题。

印刷字体中常用的有宋体、仿宋体、楷体、黑体、隶书等。此外还有草书、细线体、魏碑体、篆书等。各种字体所具有的风格不尽相同。

黑体：黑体没有衬线装饰，字形端庄，笔画横平竖直，笔迹全部一

[图3-1] 字体

好雨知时节，当春乃发生。
随风潜入夜，润物细无声。〔宋体〕

好雨知时节，当春乃发生。
随风潜入夜，润物细无声。〔写宋版〕

好雨知时节，当春乃发生。
随风潜入夜，润物细无声。〔黑体〕

好雨知时节，当春乃发生。
随风潜入夜，润物细无声。〔隶书〕

好雨知时节，当春乃发生。
随风潜入夜，润物细无声。〔楷体〕

好雨知时节，当春乃发生。
随风潜入夜，润物细无声。〔草书〕

样粗细。结构严谨，视觉效果强烈，突出醒目，庄重有力，很男性化。常用于标题和重点语句的使用。而按笔画的粗细程度，黑体可分为超黑、粗黑、大黑、中黑、细黑等。黑体的另一种形式为等线体，笔画粗细均等、干净利落，给人一种极强的现代感，适用的范围比较广泛，还可以作为内文字体使用，在大量表现现代感的设计作品中，都可以发现它的踪迹。

宋体：宋体是我国最早采用的汉字印刷字体。笔画有粗细变化，横细竖粗，对比鲜明，风格大方端庄，典雅工整，阅读效果好。常用于正文排版，是一般书籍中最常用的字体。

楷体：楷体的结构特点是笔画圆通婉曲，近乎手写体。其风格亲切，流畅自然，如小家碧玉。由于笔画构架不够整体规则，大面积使用阅读效果不甚理想，一般用于引文，分级标题，小学课本及婴幼儿读物。

仿宋：仿宋是宋体的变体，摹仿宋版书上所刻的字体，笔画粗细均匀，清秀挺拔，多用于散文诗歌的排版，或者用于序，注释、说明文字等。

隶书：隶书书写效果略微宽扁，横画长而直画短，呈长方形状，讲究"蚕头燕尾""一波三折"，给人古朴飘逸，儒雅之感。

行书：行书介于楷书、草书之间的一种字体。它是为了弥补楷书的书写速度太慢和草书的难于辨认而产生的。笔势不像草书那样潦草，也不要求楷书那样端正。楷法多于草法的叫"行楷"。因为行书给人的动态之感，在书中一般用于标题或是需要特别突出的字体上。

综上所述，不同的字体，表现出不同的个性，有不同的视觉传达的功效，因此要根据不同的出版物，不同的主题，不同的版面位置和不同的功能，来选择不同的字体进行设计表达（图3-1）。

个性字：现在有些书的文字不仅只采用电脑字库字体，为了表达某种艺术效果，会在部分段落中插入一些有别于正文的一些有艺术效果的个性字，如插入一些编者的手写体、手写字和方正端正的字库字体相穿插，显得活跃，给人与众不同的视觉感受（图3-2）。

如图3-3，《不哭》一书中的部分的落文字仿佛被泪水打湿过的泪痕效果，给人触动心底的伤痛感。

[图 3-2] 个体字

[图 3-3] 《不哭》

[图 3-4]
图释文字的多样字体的运用

　　所以，在书的版面中字体选择类别的多少直接影响着版面的表达效果。字体类别少，版面显得大方、稳定、平和、雅致，如文学类、理论类的读物为了便于阅读，一般只选择一种字体为正文字样，但为了使版面层次分明和富有节奏变化，也可使用其他字体辅助。比如正文用五号宋体字，标题就可用笔画较粗的其他字体、字号，其书中的引文或注文就可用小五号、六号字，但通常不应超过2～3种字体，这样显得大方得体、条理有序。字体类别多，版面则活跃、动感、个性、显得信息种类繁多，内容丰富，时尚主题的刊物则常采用多样化的字体组合。但是要注意使用过多的字体也会使读者感到杂乱，妨碍视觉集中，影响书的易读性（图3-4）。

2. 英文

　　书版面中英文字母的笔画有直线也有弧线，比如"a、c、d、g、k、…"，这样就使得组成的单词具有外形上的变化，形体上给人以一种动势，加上直线的参与，就有"动静结合"之感觉。排成行的英文句子排列的起伏感，动感飘逸而具有流线之美，每个单词间的空隙空间的跳跃，让版面生动，视觉流畅（图3-5）。

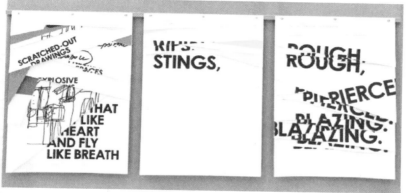

［图3-5］ 英文字体的运用

3.数字

在书中使用数字的频率是很高的，在目录、页码、标题的序号编排、注释编码，正文中等都有涉及。在涉及数字时，要根据语言文字的规范化，合理地使用阿拉伯数字和汉字数字（图3-6）。

汉字数字有两套，即第一种"〇、一、二、三、四、五、六、七、八、九、十"；第二种为大写的"零、壹、贰、叁、肆、伍、陆、柒、捌、玖、拾"。因此，应该对阿拉伯数字与汉字数字的特征、用法加以区别和认知。如数字作为词组、惯用语、缩略语或具有修饰色彩的语句时，要用汉字数字，如：一元二次方程、五颜六色。世纪、年代、月、日、时刻要用阿拉伯数字，年份必须用全称。序数词和编号中的数字要用阿拉伯数字，如：长安街108号，第5卷，第13届。

[图3-6] 数字的使用

二、字号、行长、字距、行距与段距的设置

文字是语言的载体，是具有视觉识别特征的符号系统。

1.字号

字号即字体的大小。大小通常采用号数制、点数制和级数的方法。点数制是世界流行的计算字体的方法。"点"也称磅（P），电脑排版系统就是用点数字P来计算字号大小的，每一点等于0.35毫米。版面中应该选择合适的字号，字号过大会造成版面的拥挤感，字号过小会造成阅读障碍，一般正文的字号在7～9P之间。如给儿童、老人阅读的书的字号就不宜太小。有些字体即使是同样的大小字号，但给人的感觉大小差别却很大，所以要根据实际情况调整字号大小。

[图3-7] 分栏

2.行长

依照书的易读性，文字的长度及间距均应有一定的限度。因为眼睛的视角有一定极限，在阅读过程中，大脑对信息做出快速反应和接收的最佳视角，需要用实验来证明。据实验，"用10磅的汉字排印正文，行长超过110毫米时，阅读就会感到困难，容易发生跳行错读的现象。例如行长达到120毫米时，阅读的速度就会降低5%，所以字行的长度以80～105毫米为最佳。有较宽的插图或表格的书，当要求较宽的版心时，最好排成双栏或多栏。"也就是说成年人连续阅读的书籍，每行的字数以20～28个字最为合适，过多或过少都会降低

[图3-8] 距离处理

[图3-9] 两端均齐

（图3-7）。

3.字距、行距与段距

　　字距是指文字间的距离，行距是指文字行与行之间，段距是指段与段之间的距离。字距、行距与段距的把握是设计师对编排的心理感受，也是设计师设计品位的直接体现。一般行距要比字距大些，通常情况下，字距10点，行距则为12点。这样易产生序列感，方便阅读。然而由于字体的不同，那么字距和行距也要做相应的调整。文字行距同样会影响到书的阅读。比如行距过窄，上下行之间不易看清，感觉太紧会很压抑，容易产生跳行错读现象；如行距过宽，不但浪费纸张，读起来断气影响阅读。作为连续阅读的书行距可宽一些；长的字行其间距也可宽一些；如果短的字行，行距就相对要窄些为宜。但对于一些特殊的编排来说，字距与行距的加宽或缩紧，更能体现主题的内涵与个性。一般字与字间的空距要小于行与行间空距；行与行间的空距要小于段与段间的空距；段与段间的空距要小于四周空白（图3-8）。

三、文字编排及技巧

1.两端均齐

　　文字从左端到右端的长度均齐，字群形成方方正正的面，显得端正、严谨、美观（图3-9）。

2.右齐或左齐

　　左齐或右齐排列是使行首或行尾自然形成一条清晰的垂直线，很容易与图形配合。左齐适合人们阅读习惯、产生亲切感。右齐感觉新颖、有格调、具有超前意识（图3-10）。

3.居中排列

　　以页面中心为轴线排列的这种方式能使视线集中，感觉优雅、庄重。但阅读起来不太方便，如果是整版的正文排列情况下，不宜用此方式（图3-11）。

4.倾斜

　　倾斜是将整段文字倾斜，让版面具有强烈的动感（图3-12）。

[图3-10] 右齐或左齐

[图3-11] 居中排列

贵族的气质

彰显你的魅力

[图3-12] 倾斜

5. 沿形

沿形是将文字顺着某种形状的轮廓而编排，起起伏伏，给人活泼、动态的视觉感受（图3-13）。

6. 适形

适形是让文字适合在某种形状内的一种编排方式，给人版面很新颖的感觉（图3-14）。

7. 穿插

把原本平淡的文字与图片进行穿插，这种点缀的功效使版面活跃起来，给人亲切、生动的感觉（图3-15、图3-16）。

8. 突出字首

将正文的第一个数字或字母放大并做装饰性处理，嵌入段落的开头位置，为版面带来引人注目的焦点，可打破平淡的格局，活跃版面（图3-17）。

9. 自由编排

打破约束，完成自由的编排。但要注意防止杂乱，保持版面的完整性（图3-18）。

10. 特殊效果

文字做出适合内容的多种特殊视觉效果，给人梦幻、影射、光亮、迷雾等强烈的感染力（图3-19）。

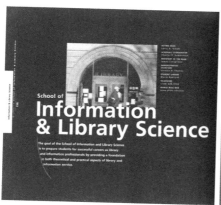

【图3-13】 沿形

【图3-14】 适形

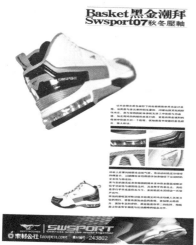
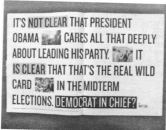

【图3-15】 文图穿插

【图3-16】 文文穿插

[图3-17] 突出字首

[图3-18] 自由编排

四、多语言文字混排设计

随着中西方文化的融合，国内出现了图书国际化运作的趋势，图书的中英文混排设计较为普遍，甚至有多国语言文字的混排设计。中文字体字形方正，笔画有秩序的分布在一个方框里，具有象形、会意、表音的构字特征。英文字体字形简洁、有流线感。中英文文字混排相互产生对比，充分体现出两种文字的特色，使得版面效果更为丰富（图3-20）。

1. 中英文混排视觉特征

英文字母间的组合较为连贯，容易给人整体的感觉，单词和单词间留下一个字母左右的空隙，阅读时，有一种长短交替的节奏跳跃感。英文字体分为有衬线和无衬线两种。有衬线字体笔画的粗细变化较大，对字距空间有较好的调整。无衬线文字在字间距较小情况下，笔画间容易交错和粘连。而汉字是方块字，字距较为平均，呈现点状的排列结构，视觉较为均衡，同时标点符号也在里面占据了一个字符的位置，段落中会明显有间隔感（图3-21）。

英文编排容易成"段"，因为英文每个单词都有一定的横向长度，有时一个单词就相当于中文一句话的长度，单词之间以空格作为区分，所以英文在排版时，哪怕是一句话，也可作为"段"来考虑编排。而这点中文就完全不同，中文的每个字占的字符空间一样，非常规整，一句话的长度在一般情况下是不能拆成"段"来

[图3-19] 特殊效果

[图3-20] 文字混排

迷尚风姿绰约气质名都：巴黎
Fan is still attractive temperament names:
Paris

透明穹顶下的纵向盛宴——巴黎大皇宫

Transparent dome of the Grand Dalais

Paris fashion feast

Fashion street snap
the arc DEtriomphe in Paris

"The cloud MuAN"
the Eiffel Tower

巴黎时尚街拍——凯旋门

"云中牧女"——埃菲尔铁塔

[图3-21] 中英文混排

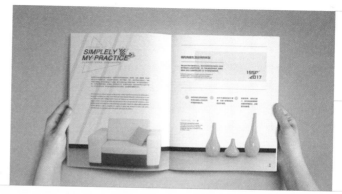

[图3-22] 主次关系

处理。所以中文在排版的自由性和灵活性上比不上英文，各种严格的限制较多。

2.中英文混排版面中文字的主次关系

在中英文混排版面中，应了解汉字和英文的字体构架特点，注意主次关系（图3-22）。

3.中英文混排版面字体的设定

为了体现版面清晰的文字信息，用不同的字体可以让版面有层级关系，便于阅读。但字体也不能变化太多，否则容易造成版面混乱感。

知识链接 | 图书版面中文字远、中、近的空间编排

第二节　图形编排

一、图形的特点和任务

在图书设计中，图形是辅助传达文字内容的重要设计要素。它的首要宗旨是对文字内容做清晰的视觉说明，同时起到装饰和美化作用，对作品进行更深一步内在意义的解读、发泄和挖掘。和文字比起来，图像可视、可读、可感的优越性显而易见，其具有准确清晰、传递简洁、易辨识和理解快捷等优势，同时又赋予幽默感和趣味性。以下是图形所具备的几个重要特征。

（1）从属性

图形反映文字内容的内在精神。基于图书内容和主题意向选择合适的图像风格，并服从于设计的内容和内涵。例如：实用类、娱乐性图书经常使用明快、写实的图像，直接传达具体的内容；思想类图书如表现人内心世界的文学著作，用抽象图像或表现力较强绘画作品则更为合适。

（2）直观性

图形用最简洁、明确的方式将信息清晰地传递给观众，图形作为文字的补充，让人们得到感性认识的满足，帮助读者深化对内容的理解，加强感染力，让内容得以升华。特别是科普类、医学类的图书，图形的诠释让读者更能加强对内容信息的理解。

（3）独立性

图形有相对的独立性，图形艺术是视觉的艺术，以形象为表达手段，同时也表现设计者的美学观念甚至是世界观、人生观。书籍中恰当地运用图像，既丰富了版面的层次，又赋予了书籍信息传达的节奏、韵律，给读者更多无限想象的空间。

《虫子书》不是一部"有关"虫子的作品，而是虫子们自己创作的神奇作品。全书无一汉字，书里的图形就像天书一样，那是设计者朱赢椿收集各种虫子在叶子上啃咬或虫子蘸墨后在洁白的宣纸上爬行留下的痕迹，虫子们以自己轻巧的身体，在点与线、枯与润、明与暗、强力与细柔、生辣与温存之间，画出完全属于它自己的生命体验……从而组成一行行神秘书法，随意婉转，老辣纵横。全书黑、白与浅驼色的沉稳搭配以及整洁利落的装订使整本书十分素雅端庄（图3-23）。

[图3-23]《虫子书》

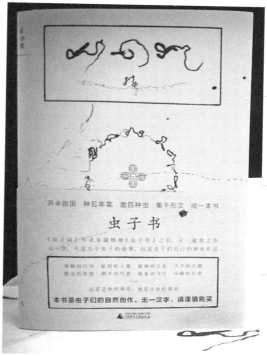

[图3-24] 块状组合

[图3-25] 散点组合

二、图形的编排

1.图片组合

图片组合就是把多张图片编排在同一个版面中，在编排的过程中同时注意主次关系，图片与色彩高度协调。

（1）块状组合

多幅照片被水平、垂直分割，插图在版面上整齐有序地排列成块状，产生强烈的整体感、严肃感、秩序感（图3-24）。

（2）散点组合

图片散点排列在版面各部位，这种编排方式需注意插图比例大小、空间疏密配置、视觉均衡等（图3-25）。

[图3-26] 图片数量的处理

2.图片的数量

版面中图片的数量少，容易使版面单纯、平淡、冷静，视觉更为集中。图片的数量多时，则容易使版面更为跳跃、生动、丰富、充满活力，但也容易出现凌乱的感觉，编排时要注意图片之间的疏密主次关系，还要注意图片和空白的关系（图3-26）。

3.图形的比例和分布

版面中，插图的比例和分布会影响版面的视觉效果和情感传递。设计师在版面分布插图时，应注意图片的大小及图片之间的分布关系，否则容易出现版面杂乱无主体的问题。

（1）大比例面积的插图情感强烈

如果插图所占版面比例面积大，则注目程度高、感染力强、视觉辽阔，有一种身临其境的感觉，插图中的细节也会表现得清晰而细腻。这时可以采用出血或是跨版。跨版的插图通向左右两页，能增强版面的宏伟和双页的整体感。需要留白边的版式也可以把白边最多缩至7毫米宽，这种狭窄的白边也适用于文字部分的版心。此类大比例面积的大插图可以搭配少量文字，更能单纯地凸显图片丰富的视觉感染力（图3-27）。

（2）中等比例插图视觉舒适

中等比例面积的插图，图文并茂，疏密有致，版面清晰视觉舒适。如半页的插图，宽度可与版心一致，高度可不一（图3-28）。

[图3-27] 大比例面积的
插图情感强烈

[图3-28] 中等比例插图
视觉舒适

[图3-29] 小比例面积的
插图精致而活跃

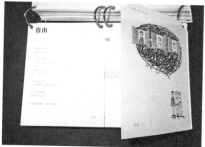

[图3-30] 手绘插图

（3）小比例面积的插图精致而活跃

将小图形插入字群中，使版面显得精致而活跃。插图比例间的对比关系越大，视觉冲击感和版面跳跃感越强；插图的比例对比关系越小，版面越稳定和平和。例如可以把小插图安排在版心的四个角上，它的两边与文字相接。设计时还要注意双页上插图的对比与呼应，版面的均衡（图3-29）。

三、图形创作与表现

1.绘画表现

（1）手绘插图

手绘插画的表现形式有很多，如水彩、水粉、白描、水墨画、工笔画、油画等。手绘插图生动、亲切而有质朴温度，具有表达的直接性和自由性，创作的随意性和偶然性，体现了强烈的个人情感（图3-30）。

（2）版画插图

经过制版和印刷程序，用刀或化学药品等在木、石、铜、锌等版面上雕刻或蚀刻后印刷出来的图画。传统版画主要指木刻，也有少数铜雕版和套色漏印。独特的刀味和木味使它具有独立的艺术价值和地位（图3-31）。

［图3-31］ 版面插图

［图3-33］ 位图

［图3-32］ 摄影插图

［图3-34］ 矢量图

2.摄影插图

在科普类、医药类、产品类等图书中，常采用摄影插图，来真实地反映图书内容（图3-32）。

3.数码插图

现代数码插画主要表现为矢量插画、电脑合成图像插画和CG插画等。利用计算机强大的数据传输、处理能力，提供了许多手工插画无法达到的效果和功能，形成独特的数字插画风格。

（1）位图

位图，也叫像素图。构成位图的最小单位是像素。位图是由称作像素（图片元素）的单个点组成的，这些点可以进行不同的排列和染色。当放大位图时，可以看见构成整个图像的无数单个方块。扩大位图尺寸的效果是通过增大单个像素，使线条和形状显得参差不齐。然而，如果远的位置观之，位图图像的颜色和形状又显得是连续的（图3-33）。

（2）矢量图

矢量图使用直线和曲线来描述图形，这些图形是通过数学公式计算获得的。矢量图形最大的优点是无论放大、缩小或旋转等都不会模糊，图形不会

[图3-35] 方形图

[图3-36] 退底图

产生锯齿效果。图像文件所占的存储空间较小，图像中保存的是线条和图块的信息，所以矢量图形文件的图像大小与分辨率无关，只与图像的复杂程度有关，但它最大的缺点是难以表现色彩层次丰富的逼真图像效果（图3-34）。

4.图形处理方式

（1）方形图

方形图最单纯、简洁、自然。配置方形图给人感觉稳重、严谨、安静感（图3-35）。

（2）退底图

退底图就是顺着图像边缘裁切，保留轮廓分明的图像。退底图处理使版面动感、生动、轻松、富有变化。退底图和方形图搭配在一起，会让版面稳定中不失活泼，动静相宜（图3-36）。

【图3-37】虚化图

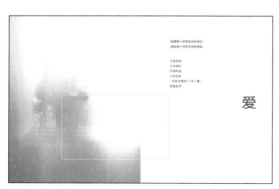

【图3-38】出血图

（3）虚化图

虚化图处理的好处是可以淡化或减弱杂乱无章的背景，突显主要物体。对于不好去掉背景与底色的图片，虚化不失为一种好的表现方法（图3-37）。

（4）出血图

出血图是指图形不受版面限制，充满版面至边缘切口，有向外扩张、舒展之感，对图像的细节更能清晰地展示（图3-38）。

（5）剪影图

剪影图是忽略图形的色彩与影调，强调图形轮廓的一种图形描写。例如在亮色背景下衬托暗色的剪影，会有一种不同的风格与味道（图3-39）。

（6）融合图

融合图是多幅图片巧妙地融合在一起组成一幅与主题内容关联的画面，给人视觉丰富的感觉（图3-40）。

[图3-39]　剪影图

[图3-40]　融合图

[图3-41]　拼接图

（7）拼接图

拼接图是基于大量的材料与拼贴出现在插图与版面的构成中，通过不同的嫁接、拼贴、镂空等图像处理方式和装帧方式来构成插图在版面中的结构层次，是脱离二维空间来进行创作的一种艺术手段（图3-41）。

知识链接　电子书中动态插画的应用

第三节　色彩的配置

在书籍设计中色彩是重要的视觉元素之一，在塑造书的个性和创造情感方面，它具有得天独厚的优势。不同的色彩传递给我们的情绪是不同的，色彩的感情、色彩的联想极为重要，不同的色彩有不同的情绪反映，颜色的"感情"也会直接地暗示读者。

由于书的内容与阅读对象的文化涵养、年龄、民族职业等密切相关。设计师通常要对书的内容、形式、风格等方面有一个全面、充分地了解，而后根据自己的整体创意来把握色彩在书中的使用。例如鲜丽的色彩设计多用于儿童的读物；沉着、和谐的色彩设计适用于中老年人读物。另外书的内容对色彩也有特定的要求，暖色给人以兴奋、冷色给人以沉静、黑白色给人以紧张感。

一、色彩基础知识

彩色具备色相、明度、纯度三种构成要素。

1. 色相

所谓色相，顾名思义就是色彩的相貌，是每种有彩色区别于其他色彩的一种独特的属性。每种色相都像人的性格一样，具有不同的情感倾向，然而颜色也会有双重性格。设计师使用颜色时要根据图书内容的情感需要及视觉感受进行合理安排。以下是不同色相的象征语汇。

（1）红色

红色来源于日、火、血、花。爱、愤怒、喜悦、热情与活力都和这个颜色有关，中国的传统文化多用此色。此外，红色也可表示危险、暴力、战争（图3-42）。

（2）橙色

橙色源于麦田、晚霞、灯光，代表温暖、丰收、丰盛（图3-43）。

（3）蓝色

蓝色源于海洋、天空，具有深沉、宁静、辽阔之感（图3-44）。

（4）绿色

绿色源于森林、草地，给人闲逸、平和、舒缓、青春与活力的感觉（图3-45）。

[图3-42] 红色

[图3-43] 橙色

[图3-44] 蓝色

[图3-45] 绿色

[图3-46] 黄色

[图3-47] 紫色

（5）黄色

黄色蕴含兴奋、愉悦、智慧之意（图3-46）。

（6）紫色

曾经有位哲学家说过，紫色是维纳斯的眼睛，闪烁着智慧的光芒。另外，紫色也极具有浪漫色彩（图3-47）。

（7）白色

白色可以代表某种职业，如"白领""白衣天使"。西方国家及中国的多个少数民族崇尚白色，白色是纯净、圣洁的象征。白色也有负面之意，如"白眼""白色恐怖"，中国"丧"的概念

[图3-48] 白色

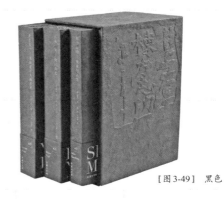

[图3-49] 黑色

[图3-50] 高明度色彩感觉

也取自白色（图3-48）。

（8）黑色

黑色是优雅、高贵的代表，但又有死亡、恐怖的含义（图3-49）。

2.明度

所谓明度指的是色彩的明亮程度。在无彩色中，白色为明度最高的颜色，黑色为明度最低的颜色，而有彩色的明度就是通过白色和黑色来调节的。例如在红色中添加白色，使明度升高，形成了淡红色。添加黑色，使明度降低，形成了暗红色。白色的比例越大，色彩的明度就越高。黑色的比例越大，色彩的明度就越低。

（1）高明度色彩感觉

色彩明亮，清晰，醒目，阳光，清新的气息（图3-50）。

（2）低明度色彩感觉

色彩浓重、浓郁、幽静，给人深思，联想的空间（图3-51）。

3.纯度

所谓纯度，即色彩的彩度、鲜艳度，纯度最高的颜色即为纯色。黄色便是一种纯色。高纯度的色彩中添加任何颜色都会使纯度降低。如在黄纯色中加入黑色，纯度降低，变为暗黄色。黑色所占的比例越大，色彩的纯度就越低，反之纯度则越高。但在黄纯色中加入白色，变为淡黄色，随着白色比例越高，色彩的纯度也降低，但明度会越高。

低明度色彩感觉【图3-51】

高纯度的鲜明感【图3-52】

中纯度的缓和感【图3-53】

低纯度的质朴感【图3-54】

（1）高纯度表现鲜明

高纯度给人感觉华丽、高贵、醒目、活力、热闹、亮丽、炫目。儿童类的书籍设计可以采用纯度较高和冷暖对比强烈的色调，这样直观的色彩能吸引儿童的注意力（图3-52）。

（2）中纯度表现缓和

中纯度给人感觉舒适、缓和、温馨、自然、细腻（图3-53）。

（3）低纯度表现质朴

低纯度会使画面倾向黑白灰三种色调，给人纯朴、朴素、低调、平静、陈旧之感（图3-54）。

另外很多国家也会有自己本民族的颜色喜恶，色彩的使用不能光凭设计师本人的好恶，设计师在书籍设计过程中，要在充分研究和理解其潜在的民族性基础上，非常慎重地对待设计对象的内容进行准确地选择。

[图3-55] 温度感

4.色彩的物理效应

色彩的视觉物理效应，如冷暖、远近、轻重、大小、软硬、嗅觉、听觉、味觉等感受。

（1）温度感

不同的色相会产生温度感。分为冷色、暖色、温色。红紫、红、橙、黄、黄绿称为暖色。青紫、青、青绿为冷色，紫色是红与青的混合色，绿色称为温色，是黄与青的混合色（图3-55）。

（2）距离感

色彩有远近、进退的感觉。暖色和明度较高的色彩有前进感，冷色和明度较低的色彩有后退感。

（3）重量感

明度高的色彩会让人感觉轻盈、柔软。明度低的色彩让人有沉重、坚硬感（图3-56）。

（4）尺度感

暖色和明度高的色彩具有视觉膨胀感，冷色和明度低的色彩具有视觉收缩感（图3-57）。

5.色彩的人体感官效应

色彩还能对人体感官发生作用，产生味觉、听觉和嗅觉。红色有香辣味感，橙色有甜味感，黄绿色有酸味感，黑色有苦味感，浅青有咸味感；黄色是小号声，深蓝是大提琴深沉的乐符；红、黄、橙等暖色系容易使人感到有香味，偏冷的浊色系感到有腐败的臭味，深褐色容易联想到烧焦了的食物，感到有蛋白质烤焦的臭味……（图3-58）。

二、配色方法与技巧

色彩搭配主张色相、色度、明暗、冷暖、面积等颜色的对比调和与变化。书籍设计的艺术形式，决定了它的色彩简练、概括、含蓄、夸张的装饰特性。在书籍装帧设计中，处理好色彩的画面构成，也就是处理好各色块的对比调和关系，能产生强烈的视觉冲击力，刺激读者的感官，满足消费者的审美需求，从而唤起消费者的购买欲。

[图3-56] 重量感

[图3-57] 尺度感

[图3-58] 色彩的人体 感官效应

[图3-59] 同类色组合

1.色彩单纯的同类色组合

在同类色相里做明度推移的变化来配色，这种配色特征是版面色彩单纯、整体感强，容易搭配。但要注意配色时在明度上的色彩选择不能太过于接近，容易造成版面缺乏变化，层次感不够（图3-59）。

2.协调雅致的类似色组合

类似色是色相变化中最小对比的一种，如红色与橙色、深紫色和普蓝色，具有类似色关系的两个色彩相互之间有着相同的色彩元素，因此画面具有统一和谐的美感，同时也有小幅度的色相变化，使得画面丰富有层次感。因此，类似色组合的色彩效果即对立又统一，给人协调雅致的视觉感受，适合表现温柔的画面，给人以平和亲近的感觉（图3-60）。

3.视觉分明的对比色组合

当设计需要表现强烈的视觉感受和浓重的情感表现时，对比色是最好的

选择。相比类似色，对比色的色彩跨度大了很多，色彩表现如橙色与紫色、蓝色与黄色等。对比色具有画面活跃、鲜明突出的特点，色彩强对比使得画面色彩强烈且具有视觉冲击力，给人带来色彩分明的视觉感受。大跨度的色彩表现使得画面增加了冷暖的对比，如蓝色与红色、橙色与紫色都具有很明显的冷暖对比。冷暖对比增加画面的远近层次，给人更加鲜活的视觉感受。在实际的运用当中，由于对比色的色彩跨度差距较大，相互之间缺少色彩共性、对比强烈，搭配不当有可能出现凌乱的视觉感受，甚至出现视觉疲劳和烦躁不安的感觉，传达功能也就更加无从谈起。因此在设计中运用对比色时，应该深入考虑对比色彩的明度、纯度、透明度、叠透、位置、大小等因素，降低对比色的对抗性，使得色彩关系统一协调，增强画面秩序感，表现出对比色的色彩搭配特点（图3-61）。

4. 强烈刺激的互补色组合

补色是色彩视觉中对比最强的一组色彩关系，其强烈醒目、充满活力的色彩表现特点深受设计师们的喜爱。当需要表现强烈视觉感受时，多选用补色进行搭配。在做设计时，设计师们都愿意在自己的视觉作品中增加补色的对比关系，在色环中，补色拥有最大的色彩对比关系，即便如此，其画面效果也是高度和谐统一的，补色既拥有强烈的色彩对比又有着和谐统一的画面，补色可以表现其他色彩关系所不能拥有的互相补充的色彩视觉完整性，众多特殊的色彩现象说明补色是能够给人以特殊视觉感受的色彩组合。补色就是色彩搭配中互为补充，视觉感受最为和谐的色彩关系组合，万花丛中那一点红，让绿色显得更加清脆，深邃的蓝色与橙色的温暖光辉使人享受，而高贵的紫色与黄色更是古代皇室所独有的色彩搭配。除此之外，无彩色系的黑与白给人的视觉感受也是具有互补效果的，这种互补是明度上的互补关系。补色是设计师最喜欢使用的色彩搭配，但是如果设计师不了解补色应用的规律，未掌握合理的

[图3-60] 类似色组合

[图3-61] 对比色组合

[图3-62] 互补色组合一

色彩搭配方式，将使设计画面呈现出视觉混乱的负面效果。在有彩色系的补色关系中，明度变化过大是其大忌，在设计中除非作者出于表现特殊情感，一般很少使用明度差别过大的互补色。这主要是因为，明度上过大的差异会影响视觉上色相的变化，从而破坏补色间特有的美好视觉感受。在设计中多选用明度高，且明度对比弱的互补色组合，以表现色彩鲜活、活力无限的视觉表现特征。一些颜色的明度不同，其情感表现与象征寓意也不同，比如紫色的明度变化会带来完全不同的意义（图3-62）。

要注意书籍设计中互补色的调和技巧，此类配色方法要通过面积、调节纯度、明度等方法来调和对比强烈的感觉（图3-63）。

5.朴实有力的有彩色和无彩色组合

在书籍设计中，有彩色与无彩色的搭配十分出彩。所谓"无彩色"，是指完全没有颜色的色彩。具体来说，就是我们称之为黑、白、以及介于两者之间的灰色"无彩色的魅力在于其色彩的包容性和深沉的色彩表现，以单纯有力的无色相表现衬托有彩色，由于不具有任何色性，颜色间不会出现"冲突"现象，使得作品在具有强烈对比的同时依然拥有和谐统一的画面。无彩色可以激发画面无限的魅力，给人一种既有力又稳重的视觉效果，像是深夜

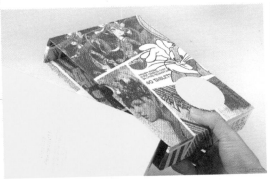 

[图3-63] 互补色组合二

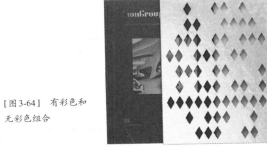

[图3-64] 有彩色和
无彩色组合

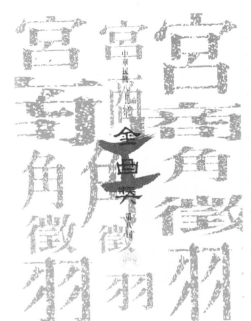

中的一道闪电给人无比的震撼。其与有彩色的搭配，避免了无彩色表现结构的单一，增加了层次感，使得画面更加耐看（图3-64）。

知识链接 书籍装帧民族风格的色彩
艺术论析

第四节　版面构成造型要素

　　点、线、面是图书版面构成的基本要素。版面构成实际上就是如何经营好点、线、面。不管版面的内容与形式多么复杂，但最终都可以简化到点、线、面上来。以点定位、以线分割、以面格局，从而构成了完整的版面。一个文字、一个页码可以理解为点，一行字可以理解为线，数行文字的连续与聚合可形成面，一个图片可以理解为一个面。然而版面设计的点、线、面不是固定的形态，在设计需要的条件下可以转化和产生各种视觉形象，如点放大后就形成面、各文章区的间隔就形成了线等。其点、线、面之间不同的明暗对比关系可丰富画面的层次，在遵循形式美的法则——变化与统一、对称与均衡、节奏与比例的前提下不同的构成组合可形成各种全新的版面。

一、点的构成运用

　　一切微小的形态都可以看作是点。图书版面中的点不光是实际的小圆点，可以是细小的方形、三角形、多边形、不规则形态，也可以是细小的墨点，一个文字，一个符号都可以看成是点。点在版式中有起承转合、停顿、间歇的作用，带来视觉上的跳跃、静止、放松的感觉。一切版式设计中的空间的时空疏密、对比、动感等，都是由"点"本身的变化来表达的。点是线的开端和终结，也是两线的相交处。巧妙地利用点，可以在书籍设计中创造出与众不同的效果。

1.点的形状与表情

　　点的不同形状往往能引起人对自然事物的联想，圆点给人稳定、规则、庄重之感；三角形点给人尖锐、挺拔、向上之感（图3-65）。

2.点的位置

　　点在句首将行首放大起着引导、强调、活泼版面和成为视觉焦点的作用（图3-66）。

　　点居于中心时，有视觉心理的平衡与舒适感，即庄重、又容易呆板（图3-67）。

　　当点偏左或偏右，产生向心移动趋势，但过于边置也产生离心之动感（图3-68）。

［图3-65］ 点的形状与

［图3-66］ 点在句首

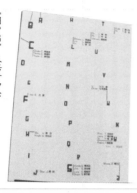

［图3-67］ 点居于中心

［图3-68］ 点偏左

点做上、下边置，有上升、下沉的心理感受（图3-69）。

3. 点的数量

当版面中有一个点时，能成为视线的焦点，凝聚视线。具有集中、强调和提示的视觉感。同时出现两个或两个以上同等大小的点时，产生线的感觉（图3-70）。

4. 点的排列与方向

点的水平排列具有平祥的感觉（图3-71）。

点沿斜线方向做渐变排列，可形成远近变化，还能产生立体感。

点等间隔排列时会使人感到一种严紧、规律、秩序之美，而自由排列时其特点是轻松、活泼、具有抒情性（图3-72、图3-73）。

《小故事大道理》一书的封面装饰效果简明扼要、清晰，采用白点的等间距排列法，用特异表现手法黑底印红"唇"，也巧妙地揭示了这一构思的来源，这种黑—白的反复变化，产生了节奏和韵律，给读者带来鲜明的印象（图3-74）。

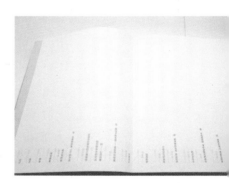

［图3-69］ 点下置

［图3-70］ 点的数量

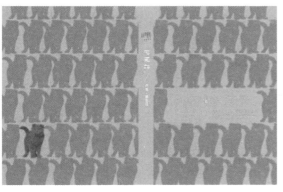

[图3-71] 点的水平排列

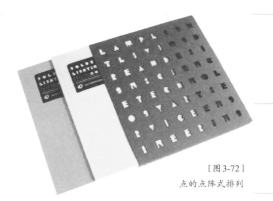

[图3-72]
点的点阵式排列

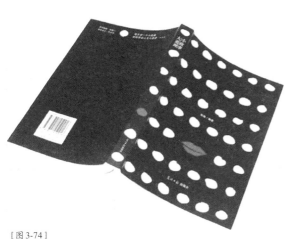

[图3-74]
《小故事大道理》

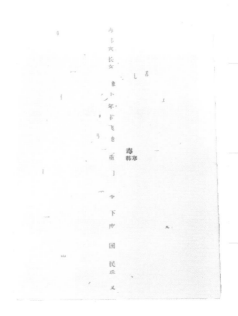

[图3-73] 点的自由排列

二、线在版面中的构成作用

　　点移动的轨迹为线，线游离于点和形之间。它有各种形态，如曲直、长短、虚实等特征，具有位置、长度、宽度、方向和性格。线具有色彩、肌理、深浅、浓淡、软硬、刚柔、光滑、粗糙等特性，不同的绘制工具和变化多端的使用方法可描绘出不同的线，使线具有丰富的表现形式和自然形态，对营造层次很有帮助。

　　线在图书版面编排构成中可分为注解线、书眉线、栏线、指示线、装饰线，还有文字构成的线等，在版面中发挥着多样的作用。

1.线的情感因素

直线：给人单纯、坚韧、庄严的感觉（图3-75）。

水平线：给人感觉开阔、平静、舒展、稳定、永无止境之感。

竖线：具有挺拔、向上、发展的寓意（图3-76）。

斜线：给人动力、动荡、发展的感觉（图3-77）。

曲线：给人柔美、流畅、活跃的感觉，具有女性特征。

自由曲线：富个性，活泼自由，有节奏美。

几何曲线：具有规范性、机械美，使版面有逻辑感。

2.线的空间构成

线具有方向性、延续性和远近感，有空间的深度和宽度（图3-78）。

线的粗细与空间构成：线在同样长的情况下，粗线给人较近的感觉，细线给人远的感觉。线的粗细渐变能产生立体感。

线的虚实空间构成：点可以构成半虚的线。

线的放射空间构成：离心式的由中心向四周扩散放射，像太阳光芒发射，能起到扩充版面的效果。

《狱中信》这本书讲述的是在监狱中囚犯写的信。封面上象征着监狱围栏的粗粗的黑色竖线，给人坚硬、严肃的感觉（图3-79）。

3.线在版面中的作用

（1）线的自由分割功能

一根线可以把版面分成左右两半，从而产生形的感觉。在进行版面分割时，即要考虑各元素彼此间支配的形状，又要注意空间所具有的内在联系。

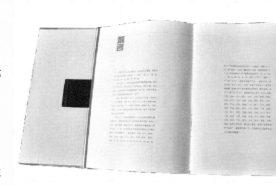

［图3-75］ 直线的运用

［图3-76］ 竖线的运用

［图3-77］ 斜线的运用

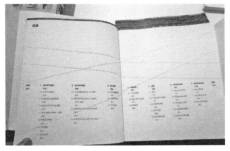

[图3-78] 线的空间构成

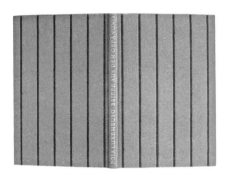

[图3-79]《狱中信》

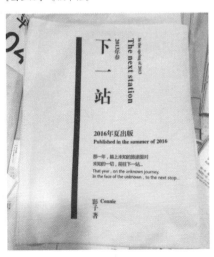

[图3-80]
线的空间"力场"

空间等量的分割。将多个相同或相似的形态进行空间等量分割，以获得秩序与美。通过不同比例的空间分割，版面产生各空间的对比与节奏感。

另外，在网格版式中插入直线进行分割，使栏目更清晰，更具条理，且有弹性，增强了文章的可视性。

（2）线的空间"力场"

"力场"是一种虚空间，是对一定范围空间的知觉或感应，所以，也成为"心理空间"。在版面中所产生的"力场"，首先是在空间被分割和限定的情况下，才能产生"力场"的感应。例如在文字和图形中插入直线或以线框进行分割和限定，被分割和限定的文字和或图形的范围即产生紧张感并引起视觉注意，这正是力场的空间感应。这种手法增强了版面各空间相互依存的关系而使之成为一个整体，并使版面获得清晰、明快、条理富于弹性的空间关系。至于力场的大小，则与线的粗细、虚实有关。线粗、实，力场感应则强；线细、虚，力场感应则弱。另外，在栏与栏之间用空白分割限定是静的表现；用线分割限定为动的、积极的表现（图3-80）。

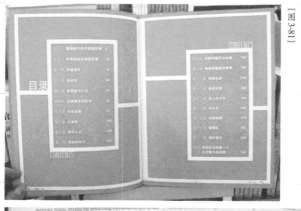

线框的空间约束
【图3-81】

线的识别与强调功能
【图3-82】

I have no question that a team can generate magic. But don't count on it.

[图3-83]
线的引导指示功能

（3）线框的空间约束功能

线框的圈制与空间封闭让无疆的空间被约束。线框细，版面则轻快而有弹性；线框加粗，则更有强调的作用，出现紧张感而引起视觉注意。用线框限定版面，约束版面信息，可以更好突出主体。以直线与圆弧线在版面中的分割，使版面更具整体感（图3-81）。

（4）识别、强调功能

线条可以起到突出重点，造成强势的作用。重要内容的标识可以借助线条元素使其地位突出。在文章的栏隙内加细线等，就会因与其他文章在版面处理上的不同而引起读者的注意（图3-82）。

（5）引导指示的功能

版面中线条可以引导视觉起指引作用，使版面信息更为清晰与条理（图3-83）。

（6）连接纽带的功能

线条可以将版面中原本分散的信息元素联系到一起，形成一个整体的感觉，使版面更为整体与紧凑（图3-84）。

（7）装饰的功能

版面上适当运用线条，可以使整个版面增加变化，运用极细线装饰的版面显得细腻、精致。运用粗线花边的版面具有一定的造型美，也能产生装饰性的审美效果。

【图3-84】 线的连接纽带功能

【图3-85】 文字线条

【图3-86】 面的运用

（8）文字线条

这主要就是指用英文字母或拼音排列成的文字线条。它可以用在版式中标题四周的位置上，也可以用在书眉线的上下位置上。用字母缩写或全译标题，利用字母本身的大小不一形成具有跳动感的线，起到装饰标题、加重标题的作用，美化了版面（图3-85）。

三、面的视觉感受

点以密集、扩大等方式可以形成面，线以水平、垂直、交叉、自由的方式排列也可以形成面。面在空间上占的面积最多，因而在视觉上比点、线来得强烈。在版面设计时，图片编排可形成一个亮面或暗面。图片采用跨页的形式，占用巨大的版面，使信息更为直观与突出。版面编排时信息常被归类，编排成面，如把文字编排在一起可以形成灰面，主要是为了让信息集中，具有集中视觉的作用。此外，色块的运用也是版面中面的形成与运用的重要元素。

如图3-86，把封面上的插图归纳为圆的形状，而将书名、作者归纳成两个长条方形。这就充分利用了面的不同形态，圆的图形与由字组成的两个长方形形成了方圆对比，造成强烈的视觉冲击力。不同形态面的结构性设计，既丰富了图书的形式，又使读者在阅读中多了一种解读方式。

面分为几何形、有机形、自由形。我们应该善于利用不同类型的面来营造秩序。

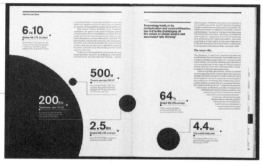

[图 3-87]　自由形态的面

几何形面工整、简洁、严谨，本身具有的几何特征就表现了很强烈的秩序感；方形使人感觉稳重、厚实、坚强；正三角形在版面上给人坚实、稳定的感觉；倒三角形给人活泼、新奇的感觉；圆形给人柔和、圆满的感觉。

有机形态的面显示出某种程度的规则、简洁，人们可以从中看到与日常生活相似的某些形态，从而产生熟悉和亲切感。例如儿童读物里经常出现的一些水果形状、房屋形状、花朵形状、树叶形状、小动物形状等，可以使儿童产生亲近感，通过读图来达到认识眼前事物，进一步阅读文字的目的。

自由形态的面打破了几何形面和有机形面的工整、规则，形成了随意挥洒的独特艺术感，应用得当，有天马行空的自由效果。可以合理利用"留白"，营造秩序。但处理不当则显得混乱，打乱主次（图 3-87）。

四、黑、白、灰空间运筹

无论是有色的还是无色的版面，都可以归纳为黑、白、灰的空间构成。这里的黑白灰关系不同于色彩里被称作黑白灰的色相，而是指对版面设计中各个视觉元素层次关系的不同明度与版面明度对比后具有的自身基调。黑白灰关系的层次打造，有时候可以通过明度来直接实现，有时候可以通过不同色相的冷暖基调来实现。建立版面黑白灰的对比关系，目的就是要突出版面的主体，使版面更有视觉深度。黑白为对比极色，最单纯、强烈、醒目，最能保持远距离视觉传达效果；灰色能概括一切中间色，且柔和而协调。组成版面黑白灰的关系是反映在构成元素上的，黑包括标题、图片、装饰线等；白包括版面设计区域的留白等；灰包括文字组成的内容区域、底纹等。黑白灰的使用量和对比度，对版面节奏感起到至关重要的作用。设计时要注意把握对比度，表现版面主体要加强对比度，表现版面客体要降低对比度，对运用黑白灰关系的取舍不能吝啬。虽然版面黑白灰的效果比较抢眼，但在版面设计中过度使用黑白灰的对比关系，会造成版面效果混乱，失去版面节奏的意义（图 3-88、图 3-89）。

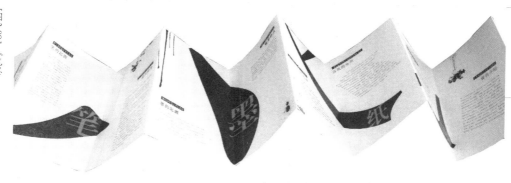

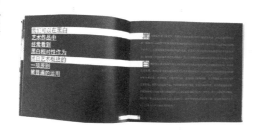
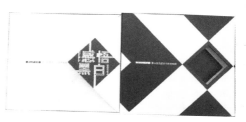

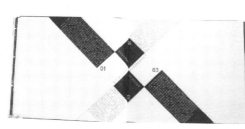

五、版面视觉心理和流程

　　视觉流程是一种"视觉空间的运用"，是受到心理与生理的影响，使受众的视线按编排者的方向和顺序作有规律的流动，这种流动线为"视觉虚线"。设计的视觉流程，就是阅读的先后顺序，能引导读者随着设计的元素进入一个组织有序、主次分明、条理清晰、流畅的视觉信息空间。一般人的视野在垂直方向上只有130°，水平有180°。人的视觉不可能同时阅读全部的对象，必须要依靠眼球的活动，按顺序扫描，这种扫描过程就是视觉流程。

　　视线是随各元素的运动流程而移动的，下面了解一下书籍设计中常用的几种视觉流程。

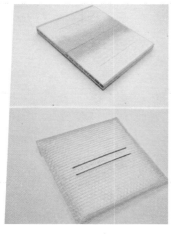

[图3-90] 横向视觉流程

[图3-91] 竖向视觉流程

[图3-92] 斜向视觉流程

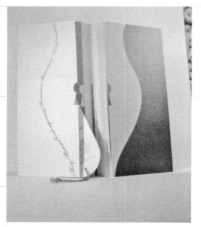

[图3-93] 曲向视觉流程

[图3-94] 图形导向

[图3-95] 指示导向

1. 线形视觉流程

这种方式主要借助线的不同方向的牵引，似乎有一条清晰的运动线贯穿于版面，使版面的流动线更加简明，一般按照视觉习惯的方式可分为横向、斜向、竖向、曲向几种视觉流程方式。

① 横向视觉流程：横向给人稳定、平静、辽阔之感（图3-90）。

② 竖向视觉流程：竖向给人坚定、直观、挺拔之感（图3-91）。

③ 斜向视觉流程：斜向给人不稳定之感，但也会有动感感觉（图3-92）。

④ 曲向视觉流程：曲线各要素随弧线或旋线进行排列，给人优雅、柔美的感觉。版面可增加深度和动感（图3-93）。

2. 导向视觉流程

该方式透过具有目的性的诱导元素，从视觉上按导向的方向顺序运动，按照设计者的意图由主到次地引导读者向一定的方向顺序运动。这种方式使版面重点突出、条理清晰、井然有序。

[图3-96] 形象导向

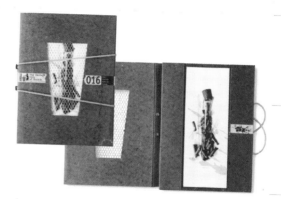

[图3-98] 焦点式视觉流程

[图3-97] 反复型视觉流程

① 文字导向：用文字的排列形成引导。

② 图形导向：用图形的递进关系（图3-94）。

③ 手势导向：用手指的方向指引。

④ 指示导向：用箭头指示，形成冲击力（图3-95）。

⑤ 形象导向：如以眼神引导（图3-96）。

3. 反复型视觉流程

该方式把相同或相近的要素重复地排列，产生节奏感，给人重复的感觉，形成视觉上的往复（图3-97）。

① 连续视觉流程：版面图形的连续性排列，具有韵律感，还能增加记忆。

② 渐变视觉流程：运用渐变图形或文字的连续，画面生动，能产生强烈的视觉动势。

③ 近似视觉流程：采用相似的视觉要素作规律编排，产生节奏感。

④ 重复视觉流程：将相同的视觉要素作规律、秩序地编排，特征是具有韵律和秩序美。

4. 焦点式视觉流程

视觉焦点是指版面中最引人注目的位置区域，设计时，可以把主题放在这个区域，从而可以稳定版面、突出主题（图3-98）。

[图3-99] 散点视觉

视觉中心与一般几何中心有所不同，从心理学角度来讲，往往把版面中心偏上的位置，称之为视觉中心。

版面的导向不同，视觉焦点位置不同，给人不同的心理和视觉感受。人们在阅读过程中，通常的阅读习惯是从上到下、从左到右。根据这种习惯，编排按主次排列。版面中视觉焦点在上面给人漂浮、轻松、自由之感；视觉焦点在下面给人感觉稳定、消沉、下坠；左侧给人轻松、舒展之感；右侧给人局限、拥挤之感。

5.散点视觉流程

该方式将文字与图自由分散地编排在版面中，造就自由、随意的层次，强调版面视觉的情感性、自由、个性的随意编排，追求新奇的视觉语言。这种自由的阅读过程虽然不如直线、弧线等流程快捷，但更生动有趣（图3-99）。

6.四角与中轴四点

（1）支配版面的四角与对角线

四角表示版心边界的四个点；四角连接起来的斜线为对角线。排版时通过四角和对角线的结构可以让版面多样变化（图3-100）。

（2）支配版面的中轴四点

中轴四点是指版面四边的中心点。中轴四点可产生中轴横向和纵向的版面结构（图3-101）。

（3）四角与中轴四点结构（图3-102）。

[图 3-100]

四角与对角线

[图 3-101] 中轴四点

[图 3-102]

四角与中轴四点

[图3-103] 四角与中轴四点示意图

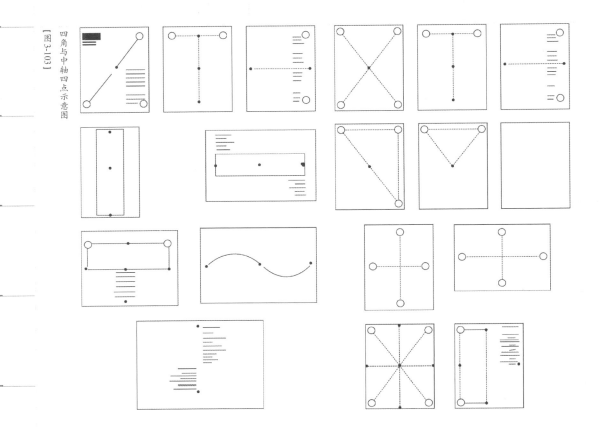

该方式将四角与中轴四点结构结合起来，版面的结构更为丰富和变化。编排时抓住这八个点，整个版面结构严谨又富有变化（图3-103）。

知识链接 书籍版面设计中"空白美"的表现

4

第四章
版式样式

　　现代图书版面设计的样式，概括起来可分为三种：古典设计、网格设计和自由设计。这三种样式各有所长、相互影响、平行发展。

第一节 古典的传统版式

一、传统版式的特点

1.我国的传统版式

　　我国的古籍基本形式中有书版、版框、界行、鱼尾、版心、象鼻、书耳、天头与地脚等元素按照一定方式和法则组合配置在版式设计之中，版心偏下，天头大，地脚小，文字自上而下，从左到右竖排于界栏之中，确保信息内容的有效传达（图4-1）。

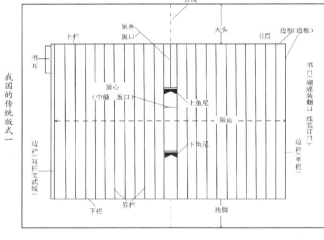

[图4-1] 我国的传统版式一

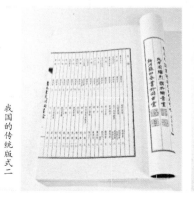

[图4-2] 我国的传统版式二

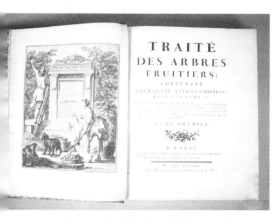

-3]
的古典版式

石》/宁成春

中国的书籍从古代到现在基本上都采用面的编排模式，以面为主的形式直接表现为方形模式，古书中从左至右的竖排版模式中有留白的虚空间处理（图4-2）。

2.西方的古典版式

西方的最为古老的是500年前以德国人古登堡为代表的古典版式设计，其特点是：

① 对称性。古典版式的对称性显而易见，主要表现在书籍内文以订口为轴心左右两页相对称。

② 标准性。内文版式有严格的限定；字距、行距具有统一的尺寸标准；天头地脚内外白边均按照一定的比例关系，组成一个标准的保护性的框子；文字油墨深浅和嵌入版心内图片的黑白关系，都有严格的对应标准（图4-3）。

二、我国传统版式在现代书籍设计中的应用

我国在19世纪晚期前，文字是以传统竖排形式为主。由于西方知识大量传入国内，传统的竖排方式便无法合理地适应外文、数学公式和各类表格。从视觉规律特点上分析，视觉移动方向一般是从左到右，自上而下，视线的水平移动比垂直移动快，水平尺寸判断的准确性高于垂直方向尺寸判断，因此横排比竖排更易于阅读。基于这些因素出版业开始采用西方的横排方式来编排。自1904年上海商务印书馆出版第一本汉字横排图书后，图书横排方式便成为主流，这种排版方式改变了我国几千年的传统模式。

我国古代印本书传统版式格局高雅、气韵古朴。其所蕴含的民族特色和文化气息，对我国现代书籍设计的发展有深化作用。我们在设计过程中可借鉴古代印本书版式的优秀艺术特征，寻找传统设计和现代书籍设计的最佳契合点，创新应用于现代书籍设计中。

（1）版框的创新性

版框不仅有实用功能还具有规整的审美需要，更包含中国传统文化艺术的内涵。如图4-4所示，《御苑赏石》在版式的设计中，每幅页面版框设计均不同，有的把版框的位置上移，或在版框下空白处加图片形成疏密黑白对比，有的图片占满整个版心，有的则大面积空白，给人一种清新雅致的现代感；亦不失中国传统文化

[图4-5] 《意匠文字》

[图4-7] 《食物本草》

[图4-6] 《小红人》

特色。

（2）鱼尾与版心的创新性

书籍由卷轴装转变为蝴蝶装时要把印张从中心对折，用以粘背装订，因此在版心骑缝中做一个记号，这个记号的形状像鱼的尾巴所以称为"鱼尾"，用来防止折叠时中缝出现歪斜；书籍转变为包背装和线装时，这个版心就成为了"书口"。古代印本书版面的中心称为"版心"。现代书籍设计中不照抄中国古代印本版式里的固定样式的鱼尾与版心，而是运用打破手法来表现现代版式设计的新视觉。《意匠文字》的内页打破传统的古印本书的版心设计局限，版心下移，天头留白较多，整体版心内容横向相连接，设计新颖，给人耳目一新的感觉，不失传统亦现代设计感十足；书中鱼尾打破了中国传统古印本书籍中鱼尾的式样，焕然一新，在鱼尾设计处与水墨元素融会贯通，增加了图书的韵味（图4-5）。

《小红人》一书的版心居中，天头地脚空白较大，版面疏密有致，鱼尾处的设计处理得更为简洁（图4-6）。

（3）天头与地脚的创新性

天头与地脚即是版框外围的上下空白，一般情况下天头大于地脚，是有

[图4-8] 《蜡染》

眉批之功用。现代书籍设计中以白当黑，加以丰富天头与地脚的留白之处，使整体画面疏密有致。如图4-7，《食物本草》内页的设计中竖排的文字与穿插的图形很好地结合，主体内容下移，天头留白多，与地脚的留白较少形成对比；在天头留白处添加了说明性文字，增加了功能性，文字排列具有规律性，段与段之间形成的不同面积的文字段使整体版式设计疏密有致更具变化性，图片在版心内穿插大小变化。天头与地脚的创新应用不仅具有功能性，同时增加了书籍的艺术美感，也使现代书籍设计更具有中国传统文化特色。

（4）批注与印章的创新性

批注是日常用的读书方法之一，人们在阅读的时候把读书笔记及感想、疑难问题等，随手书写在书中的空白地方，可以帮助理解以便加深思考记忆及查阅重点；印章多用朱色，日常应用之外又用于书画题款，逐渐发展成为我国特有的艺术品之一，在现代书籍设计之中巧妙地运用亦别有一番韵味。如图4-8，《蜡染》书中运用了在正文中圈文批注的形式做图片注释，活跃了版面而富有形式动感。图片在版心内做穿插变化，大小错落，主次分明。在版心外围跳跃的文字让版面动静相宜。

知识链接 中国传统古书版面书写的成因

第二节　张弛有度的网格设计

一、网格版式的概述

　　网格设计，或者叫网格系统，又有人把它叫作标准尺寸系统、程序版面设计。网格设计起源于20世纪30年代的瑞士，50年代成为版面形式风靡整个世界，一直沿用至今，成为当代书籍版面中最主要的版面构成的一种手法。网格设计是指由交叉或平行的条构成的架子，是系列版面在视觉表现上的框架。运用这种统一的规范化使版面有节奏和变化中求统一，设计出来的版面既严谨又活泼。网格可以等分、也可以大小不一，网格分为可见和不可见的，这要根据内容而定。它的特征是重视比例感、秩序感、连续感、清晰感、时代感、准确性和严密性。

二、版面网格设计特点

　　著名的瑞士设计师约瑟夫·米勒·布罗克曼在总结网格设计的优越性时说："网格使得所有的设计因素——字体、图片、美术之间的协调一致成为可能，网格设计就是把秩序引入设计中去的一种方法。"网格版式设计不像传统版式的严格对称，而是具有严密的文字和图片设计方案，以及贯穿全书的统一的版面风格。网格设计具有以下几个特点。

1.网格的控制性

　　网格版面编排增添了可操作性，不会在面对空白的版面和一堆素材时无从下手，网格对版面元素具有控制性，它重视的是版面的比例、秩序、清晰、严谨和科学，有机地将文字及图片等信息放入其中，形成规范化、条理化的版面形式，提高版式设计工作的效率，帮助给初学者以规矩和限制，得到一个紧密连贯、结构严谨的方案（图4-9）。

2.网格的整体性

　　网格为多页数图书或周期性的期刊提供可重复使用的系统。网格系统的使用提供了基本构架，可使许多最基本的设计元素得以保留，每次使用时在这个基本构架里只需做局部的修改。这种网格提供一种内在的逻辑一致，结构关系的条理化、规律化，书的每一页都能体现出某种风格上的相似，如果

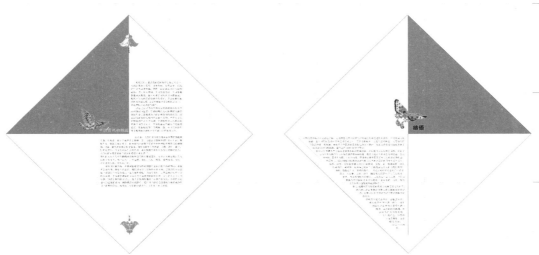

[图4-9] 网格的控制性

以后要添加其它元素，设计的整体布局也不会显得杂乱，而呈现出整体感。

3.网格的灵活性

在网格规范性的制约下，在局部采用自由表现的方式，可以在统一里求变化找差异，在共性里找特殊性。以网格为基础，版面元素可稍加变化其结构，在严谨中透露活泼，并加强版面的丰富性。

4.网格的引导性

网格的设置，使版面的信息井井有条，主次分明，引导读者的阅读，提高了版面的易读性。顺着似有似无的网络，视线从文字到图像，从版面的一个区域到达另一个区域，提高阅读的质量。

三、网格的类型

网格的设计方法包括对称型网格、非对称型网格、成角网格、基线网格、重叠网格。

1.对称型网格

对称型网格左、右两页的页边外留白尺寸相同，左右两页的结构互为镜像。这种设计一般用于较为严肃内容的表现，例如政治、文学、科学理论内容等给读者一种条理分明、严谨、理性之感。对称型网格分为对称型栏状网格与对称型单元格两种。

（1）对称型栏状网格

栏状网格的分栏是纵向对齐的基线，我们应该按照既定的纵向对齐基准，将文字和图片合理摆放，避免出现那些"毫无根据"的版面。对称型网格分为通栏结构、双栏结构、三栏结构及多栏结构。

① 通栏结构。通栏指的是文字和图片横跨在两页版面上（图4-10）。

② 双栏结构。这种左右两页都为双栏且呈对称的版面严谨，结构清晰。

【图4-10】 通栏结构

【图4-12】 三栏结构

【图4-11】 双栏结构

添加注释或放图片的版面，可以根据内容调整双栏的宽度（图4-11）。

③ 三栏结构。三栏网格结构适合较大开本的书籍，如16开、8开等（图4-12）。

④ 多栏结构。多栏结构的版面适合编排表格、数据类的文字（图4-13）。

（2）对称型单元格

这种单元格式的网格是将版面分成大小不同的格子，每个单元格四周的空距一致。

如九宫格，严格按照格子安排版面，讲究成块，追求对齐效果，横竖划分明确，方正切割清晰（图4-14）。

2. 非对称型网格

这种设计一般用于较为轻松内容的表现，例如散文、诗歌、女性、体育等，这也就决定了不同版式的平衡性。不对称中的留白处理就可以为人们留下一个想象的空间。

（1）不对称型栏状网格

这种网格是左右两页不对称型，主要强调垂直对齐，较对称型网格而言，版面更为活跃而生动（图4-15）。

（2）非对称型单元格

非对称型单元格的图片和文字可编排在一个格子里也可以占至几个格子，版面大小错落有致，更加灵活（图4-16）。

[图4-13] 多栏结构

[图4-14] 对称型单元格

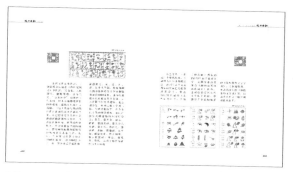

[图4-15] 不对称型栏状
网格

[图4-16] 非对称型单元格

17]
t网格

（3）复合性网格

复合性网格是栏状网格和单元格同时并用，为版面
的布局提供了更为灵活的模式（图4-17）。

3.成角网格

在成角网格版式构成中，网格可以设置任何角度。
由于网格是倾斜的，将全部信息要素进行统一的动态平
衡，所以版面更具有形式感。这里涉及一个旋转角度的
问题，就是顺时针旋转和逆时针旋转。如果顺时针旋转
30°，文字阅读顺序是由左上往右下阅读，由于人的阅
读习惯喜欢从左上角开始阅读，所以顺时针旋转比较适
合阅读习惯。如果逆时针旋转30°，文字阅读顺序是由
左下往右上阅读，阅读起来稍感吃力。这时构成要素可
以设置为导向一致或导向冲突。

① 导向一致是指倾斜后的版面中所有元素保持同一
导向，由于方向的一致性使版面有统一性、协调感。如
图图4-18所示30°或60°倾斜构成中，所有的信息元

[图4-18]
导向一致

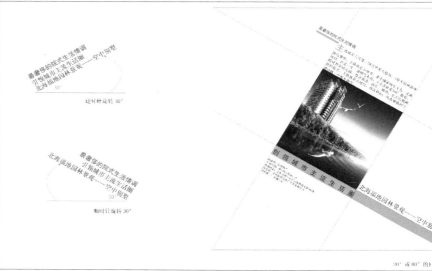

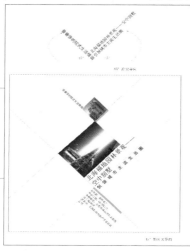

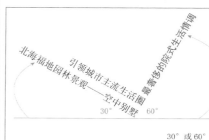

[图4-19] 导向冲突

素都是同一导向。

② 导向冲突是指元素以不同的阅读导向同时出现在版面中，文字、图片、色块等元素在版面中组合得丰富而有序，方向的冲突，使版面更加有趣和活跃，增加了视觉冲击力（图4-19）。

4.基线网格

基线网格是水平的直线，元素是编排在基线之上，强调的是横向基线的对齐。基线网格是不可见的，为元素信息提供对齐的参考。基线的大小与文字的字号相关，字号大，那么设置的基线也就大。如图4-20中，不同的字体和字号通过一种基线网格来实现对齐。右边文字一个基线网格排了一行字，文字是12磅，行距为2磅，那么这一个基线网格应该设置为14磅。那么左边的大字占了三个基线网格，字号的大小则为42磅。最小的字一个基线网格排了两排文字，字号的大小则为6磅，行距为1磅。

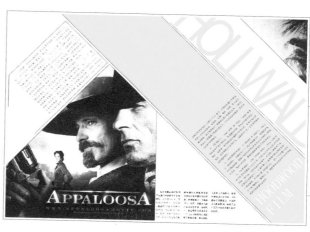

[图4-20] 基线网格

[图4-21] 重叠网格

5.重叠网格

重叠网格也可称复合网格，网格的叠加使用可以是几种网格同时的套用，当素材繁多时，各种信息元素能处理得井井有条而富有节奏变化。

如图4-21，通过两个网格的套用，版面先被分成两个区域，上面的三分之一区域是标题和主体文字，下面的三分之二用于放置各赞助商的广告，这个区域被分成了两栏，同时每个赞助商的小广告又被套用了一种格式，被分成了四栏，每一栏放入相关信息。

此外，网格的叠加也可以是网格之间旋转一定角度后的叠加。版面是由一个未旋转的网格和一个逆时针旋转30°的网格结合而成的。倾斜的文字在版面中显得尤为突出，活跃了原本呆板的版面。

知识链接 | 书籍设计网格版式的
应用技巧

第三节　个性的自由版式

　　20世纪末的艺术思潮错综复杂，自由版面设计受朋克设计风格影响，吸收了未来主义、达达主义的拼贴设计，融合了超现实主义的插图设计。20世纪90年代后期，由于激光照排技术的产生和发展、电脑制版技术的普及，编排从此进入到一个自由的时代。自由版式设计在世界范围内广泛流行，成为一股势不可挡的设计潮流，是当代出现的具有前卫意识的版式设计风格。现今，自由版式设计常常应用在个性杂志、文艺图书以及少儿读物的设计当中。

一、自由版式的界定

　　自由版式设计是将版面上有限的视觉元素进行自由排列组合的感性方法，是对传统版式和以数理为基础的网格的解散和颠覆，朝着突破和革新、洒脱和自由方向发展的一种设计形式，从而把作者思想以个性化的视觉语言传达给受众。

　　自由版式设计从诞生以来，一直存在着"不实用"的争论，可以看出，它有利于版式设计的形式多样化要求，可以使版式风格更加的多样化和个性化。但同时要清楚，自由版式设计与以理性为基础的网格版式设计形成鲜明对比，具有极大的主观性和随机性，完全依赖设计师自身的感觉和经验。对于缺乏经验的初学者而言，自由版式很难运用自如。

二、自由版式的特点

1.阅读功能的减弱

　　自由版式设计不考虑版面的功能性，认为以形式为主，内容为辅，有些内容的可读性是无关紧要的。有些字体由于字号过小，有意被弱化不可辨认，甚至用电脑字库中的数码符号来增加反映当代高度信息化社会的特点，或是形式美需要，或是认为无需要求读者去解读，文字也可以作为一种装饰而存在。有些将正文、插图、标题等作为装饰版面的要素放在一角，通过重心偏移的方法来强调版面的视觉效果，给人们带来了新奇、独特的视觉体验等等。还可以通过重叠、拼凑和无逻辑的编排营造出一种视觉混乱的版面效果（图4-22）。

[图 4-22] 阅读功能的减弱
[图 4-23] 文字图形化
105 版式样式
第四章

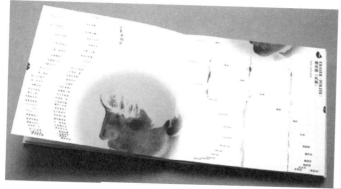

2. 版心无疆界

自由版式突破了古典版式设计和网格设计的种种限制。没有版心的界限，摆脱了版面中天头、地脚中白边的束缚。版面中的字体、图形内容可以出现在版面中的任何地方，随心所欲地自由编排，或者无限放大或位置的无规律摆放，营造一种出血的版面形式。

3. 文字图形化

把版面当作一幅绘画来完成，版面中每一个字体、符号都是画面中的排列元素。版面中的任何元素都可以根据画面的需要不固守角色大胆编排，组合创新尽显魅力。字体与图形的运动方向与速度感相融合，让版面极富动感。两者的叠加、重合增加了版面的层次感（图 4-23）。

4. 字体的创新

自由版式对字体的要求是多变，而且有个性与创意。字体大小错落、形态各异混杂编排。不但能带来版面的新鲜感，而且能反映出时间的流动感、速度感、声音效果，赋予图书以生命的意象。

5. 解构性

对原有古典和以数理为基础的排版秩序结构的解构，将完整画面切割、打散重组，可使版面产生极具视觉效果的图文组合，能够表达内容丰富的意象和观念。

6. 字、图、光影空间的混合性

运用摄影蒙太奇手法，通过放大、缩小、朦胧、叠加等诸多手法变化形象，使版面有着速度感、光感、不确定性等特色。运用大量的摄影手法、光影空间效果使得版面呈现出极为绚烂、精致、光彩夺目的版面设计，所有的元素都必须围绕着图形的光影变化而变化，文字已是光影的一个部分。

7. 强调留白

留白是对版面信息的有效疏导，是以无衬有的版面构成形式，在自由版面中字体、图形等内容随心所欲地自由编排，大大减弱了版面传达信息的目的。而"留白"布局可以增强画面的透气性，可让读者产生丰富的想象空间。

　　《敬人设计2号》一书就采用文字斜排式、散点排式、不规则排式等多种形式，对编辑排版的字体、字号、字距、行距，空间处理等因素进行了创造性的工作和大胆的尝试。表现一种全新的视觉美感，体现设计者"反者，道之动"的设计境界（图4-24）。

　　旅游类书籍《藏地牛皮书》，自2002年出版以来受到了无数自助旅游者和书籍设计者的追捧和喜爱，因为它不仅是一本旅游书。它的独特之处首先在于它的装帧上，浅黄色的荷兰蒙肯纸、全部涂成了黑色的不规则书边，书脊一侧开有两个小孔，当书被翻得七零八落时，可以任意找一根绳子穿缀其中，以保障书的完整。书内别出心裁的手法比比皆是：手绘地图、速写、插图、大量的摄影照片和书中横、竖、斜排的版式；大小不一、字体不一、字距行距不一的文字排版；彩色与黑白的图片相互穿插；字里行间还配有许多手标之类的记号和用钢笔随意圈点的线框、箭头，这一切是那么的随意、自然（图4-25）。

　　优秀的自由版式设计看起来形式比较随意，甚至是混乱、无逻辑的。但是其中的图文关联并非是支离破碎、随意拼凑的，而是要经过深思熟虑地揣摩和严格的推理产生的，是在遵循对比均衡、节奏韵律、虚实关系等形式美法则的前提下进行的超越性变革。

[图4-24]《敬人设计2号》

知识链接 | **解析戴维·卡森**
与他的自由版式

[图4-25]《藏地牛皮书》

第五章
书籍材料与印刷工艺

第一节　材料的选择与运用

随着现代人审美需求的多样化，对书籍设计的审美要求也不断提高，新材料的不断涌现为书籍艺术拥有多种形态提供了可行性，也使人们的阅读变得更加有趣。在书籍设计时，材料的选择是设计工作的重要部分。材料作为书籍设计师传达内容的载体，必须以书籍主要精神为主旨，所采用的材料视内容而定，呈现多样化的特点，可以是纸张，也可以是木质、塑料、金属、皮革等各种材料，精贵不一定最佳，质朴未必差。

一、纸张的魅力

纸张是印刷的主要承印物，现在纸张的种类很多，不同的纸张类型，不同的纸张厚度有不同的手感、特性和用途。

1. 铜版纸

铜版纸又称印刷涂料纸，分单面铜版纸、双面铜版纸、哑粉铜版纸、压纹铜版纸等，是在纸张表面涂白色涂料经压光加工的纸张，触感细腻光滑，反光度高，白度较高，纸质纤维分布均匀，厚薄一致，伸缩性小，有较好的弹性和较强的抗水性能和抗张性能，对油墨的吸收性与接收状态良好。适用于印刷高级书刊的封面和插图、彩色图片（图5-1）。

哑粉铜版纸，正式名称为无光铜版纸。在日光下观察，与普通铜版纸相比，不太反光。一般哑粉铜版纸会比普通铜版纸薄并且白，更加吃墨，并且比较硬正，不像普通铜版纸很容易变形。哑粉铜版纸适用于高档产品画册，展现典雅朴实风格的书籍或有照片、插图的杂志等，不注重展现光亮的效果。

这类纸张常见的有105克、128克、157克、200克、250克、300克、350克、400克。128克以下使用于内文，157克以上常用于封面。

2. 卡纸、版类纸

卡纸分单面灰背卡、双面卡纸、玻璃卡、铜版卡等。这类卡纸属于厚纸类，平滑度高、挺度好，主要用于书籍内衬及函盒。

3. 胶版纸

胶版纸专供胶印机多色套印之用，有单面和双面之分，具有较高的强

[图5-1] 铜版纸效果

[图5-2] 硫酸纸效果

[图5-3] 特种纸

度和适印性能，具有质地紧密、不透明、伸缩性小且平滑的特点。胶版纸造价较低，一般用于印刷书籍正文部分。

4.硫酸纸

硫酸纸是用植物纤维抄制成，通过硫酸处理后会改变其原有性质，成为一种变性加工纸，纸色呈现半透明状，纸质坚韧紧密，气孔很少，半透明硫酸纸在现代书籍设计中常常作为书籍的环衬，也常用作高档书籍和画册的扉页，并且可以在硫酸纸上印金或印刷图文，或进行镂空效果的设计，是设计师常用的材料，可以给读者带来精致细腻的审美体验（图5-2）。

《薄薄的故乡》书的封面有两层，它们既独立存在，又相互融合。封面采用半透明的硫酸纸，掀开时能听到一阵清脆，暗示着书中所要诉说的关于故乡的记忆，模糊又脆弱。

5.特种纸类

特种纸的种类繁多，是各种特殊用途纸或艺术纸的统称。各大纸业集团也会有各自的风格和系列。现在越来越多的书籍会采用艺术特种纸，特种纸的运用更是为书籍设计的表现增添了更广泛的空间。一些特种纸中隐含着变化无穷的肌理，可以含蓄地体现浓郁的书卷味（图5-3～图5-5）。

《江苏老行当百业写真》看起来有十足的历史厚重感，其方方正正的外表、磨得"掉渣"的书边，略微褪色的封面文字。采用浅黄、浅绿、浅粉、浅蓝四种底色区分章节。纸张上采用了仿古图工纸，这种纸的制作原料均为粗料、色调黯淡、手感粗糙。在书本装订上，没有使用机械化的装订方式，而是使用了中国古籍最基本的装订工具——纸钉。纸搓成绳，将其插入在书上穿孔，最后灌胶敲击固定。与其他纸钉书不同的是，纸钉经过设计后显露出来，当成一种原始的美来呈现，这和书本主题也是贴合的。此书获得2018年度中国"最美的书"，第九届全国书籍设计艺术展览·社科类金奖（图

[图5-4] 《骨科小手术》采用类似皮肤质感的细纹纸 尹琳琳

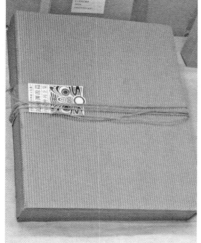

[图5-5] 瓦楞纸效果

[图5-7] 《谈艺录》

[图5-6] 《江苏老行当百业写真》

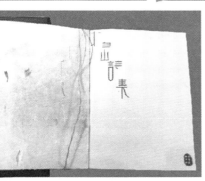

5-6）。

《谈艺录》这本书的设计要体现范增作为一个文人画家的气质。给读者一种空灵、简约、高雅的感受，这本书的纸表层很有触感，体现了东方纸张的特质，内页强调空白，强调空间的虚实关系。书籍未必只是表现外在的金碧辉煌，也未必要用张扬的手段来构筑书籍的形态。中国文化的含蓄、内敛，富有意蕴，从这本书中可以体会拿中独特的意境（图5-7）。

赵子娴设计的《北岛诗集》外封采用带有飞丝纤维半透明的白色云柔纱，给人一种朦胧美。上面用朴素的麻绳编织出岛屿的轮廓，利用前后页透叠的设计方式。岛屿轮廓结合内封蓝色麻布纸上北岛诗集四个有缺失部分笔画的字，形成了完整的"北岛诗集"书名。扉页采用触感柔软、装饰意味强烈的白色花瓣纸，四个章隔页均采用信封的形式，用浅黄色花瓣纸封口，内装一个小书签；内页采用星空纸，上面闪烁的荧点能感受到进入诗歌漫游的意境（图5-8）。

二、特殊材质的张力

现代书籍设计的特殊材料有木质、皮革、金属、织物等。这些材料带给读者的触觉感受也是多样的。

1.涂布类面料

涂布类材料提高其强度和耐油、耐水、耐脏污的性能，在纸张或布的表面涂布各种材料。常见的涂布类面料有漆布、漆纸、乙烯树脂纸等。

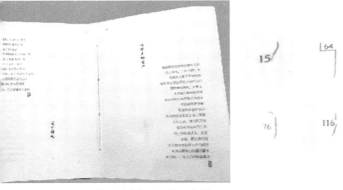

[图5-8]《北岛诗集》/赵子娴　李月桃

[图5-9] 麻布效果

[图5-10] 木料

由粘胶纤维或合成材料（如卡普纶纤维）织成的布料，在布基（或纸基）上施以硝化纤维素和硝化聚酰胺涂层的漆布（或漆纸）和涂以聚氯乙烯等人造革制品，均可提高表面平整度、光洁度和压纹的清晰度，提高经向和纬向的牢度，且可制成所需的各种色泽，常用于豪华型图书的封面。

2.织物面料

常见的织物面料有棉布、麻布、丝绸等。

① 棉布。棉布的主要成分是棉花纤维。按经纱和纬纱交织方法的不同，棉布又分为平纹布、斜纹布和绒。常用的平纹布有市布、细布、粗布和府绸。斜纹织物有斜纹布、卡其等。常见的绒类织物有平绒和灯芯绒。

② 麻布。麻布是指以各种麻类植物纤维制成的布，具有柔软舒适、透气清爽、耐洗、耐晒、防腐、抑菌等特点，外观较为粗糙，生硬（图5-9）。

③ 丝绸。丝绸面料以蚕丝为原料，花色品种繁多，有薄而轻的绸子，厚而平滑的缎子，有坚韧质薄的绢以及锦、纺、绉、绫等。丝绸和绢类面料大都织工精细、花色图案逼真、质地优雅，常用作精装书籍、线装书籍、书函、高档画册以及豪华装的面料，高雅、华丽，具有独特的艺术效果。缎料是一种较厚实、平整挺括、质地紧密的丝织品，主要用作高档书刊、画册、证书等的面料。

[图5-
《年画》/韩

3.其他材料

① 木料。木材是一种天然材料，具有天然美丽的花纹，具有易为人接受的良好触觉特性。木材软硬程度适中，容易加工，便于切割和激光雕刻。常用于高档的书籍封面和函盒（图5-10、图5-11）。

② 皮革。皮革质地柔软，纹理自然，手感柔和。常

[图5-12] 《二年》/付璐 李耀

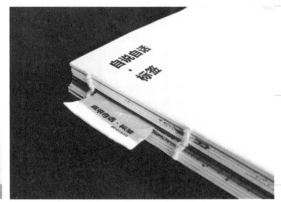

[图5-13]

《自说自话·标签》/林聿瑾 朱晨璨

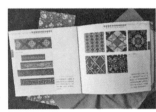

[图5-14]

十字绣《壮乡文化》/卢莹

用于高档的书籍封面和函盒，气质深沉、独特（图5-12）。

③ 无纺布。由各种纺织纤维的短纤维束及其下脚料浸以合成乳胶液（如硝化丁二烯橡胶胶乳），再热压而成的薄层，可用来制作硬封面、书芯和书脊，还有一些可做保护图书的书袋。

④ 塑料。塑料是一类具有可塑性的合成高分子材料。塑料是以天然或合成树脂为主要成分，加入各种添加剂，容易被塑制成不同形状的材料，又可任意着色。常用于封面和函盒。用在图书上有一种现代时尚的感觉。还有很多特殊的材料和形式，如图5-13、图5-14。

|知识链接| **多元化阅读格局下的纸质书籍设计的策略**

第二节　印前工艺

　　人们常常把原稿的设计、图文信息处理、制版统称为印前处理，而把印版上的油墨向承印物上转移的过程叫做印刷，这样一件印刷品的完成需要经过印前处理、印刷、印后加工等过程。印前指印刷前期的工作，一般指摄影、设计、制作、排版、输出菲林打样等。

一、印刷基本知识

1.出血位

　　在印刷成品中边缘有图文的叫出血，因印刷图像后裁切时，裁刀难以很准确把握成品的尺寸，容易产生错位，或切到成品的画面，或切不到位，成品边上露白。一般出血是3mm（图5-15、图5-16）。

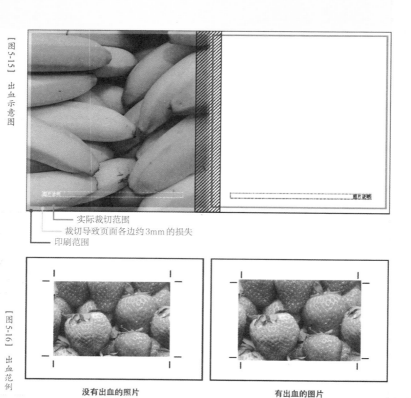

【图5-15】 出血示意图

　　实际裁切范围
　　裁切导致页面各边约3mm的损失
　　印刷范围

【图5-16】 出血范例

没有出血的照片　　　　　　有出血的图片

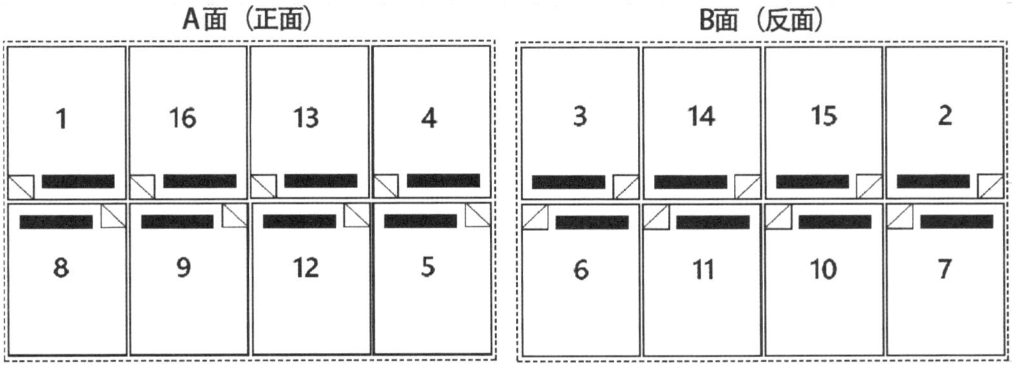

[图5-17] 16开16页的单张拼版模板

A面（正面）				B面（反面）			
1	16	13	4	3	14	15	2
8	9	12	5	6	11	10	7

2.拼版

拼版又称"装版""组版"。为了适合上机印刷，会采用拼版。拼版图是制作印刷品的图文计划，它显示了文稿、插图及其他元素的排列位置。在对印刷品裁切之前，出版物的单张页面是按照拼版的方法拼合在一张全开或半开的纸上的。如双面印刷，为了节省印工和PS版，就会拼成上下翻版或是左右翻版。在设计中有时为了形式的需要没有选择16开、8开等正规开数，而是采用一些不合开的异形书，这时候就需要在拼版的时候注意尽可能把成品放在合适的纸张开度范围内，以节约成本（图5-17）。

3.CTP版

CTP（computer to plate）技术是将电子印前处理系统（CEPS）或彩色桌面系统中编辑的数字或页面直接转移到印版的制版技术，省去了传统印刷中的菲林制作、印版晒制的流程。它的特点是：在材料方面，省去了感光胶片及其冲洗化学品；在工艺方面，省去了胶片曝光冲洗、修版、晒版等环节；在设备方面，省去了暗室及胶片曝光冲洗设备；在效益方面，降低了成本，节省了时间和空间；在质量方面，影像转移质量明显提高，减少了环境污染。

4.专色

专色是指图像颜色不通过CMYK四色设置，而是印刷前已经调好的或专门油墨厂家生产好的油墨来印刷该颜色。对于印刷品的每一种专色，在印刷时都有专门的一个色版对应。使用专色可使颜色更准确。尽管在计算机上不能准确地表示颜色，但通过标准颜色匹配系统的预印色样卡，能看到该颜色在纸张上的准确的颜色，如潘通彩色匹配系统就创建了很详细的色样卡（图5-18）。

在印刷中专色是按一个色计算，而CMYK是以四个色计算成本，很多书的扉页或内页部分，采用专色印刷，不但成本减少，效果也很好。还有一些采用专色和黑色两个色，效果也很不错。

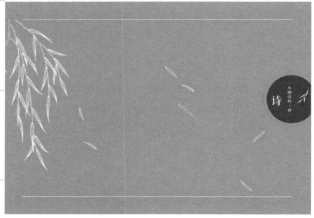

【图5-18】 专色

二、印刷工艺与流程

现在，人们常常把原稿的设计、图文信息处理、制版统称为印前处理，而把印版上的油墨向承印物上转移的过程叫作印刷，这样一件印刷品的完成需要经过印前处理、印刷、印后加工等过程。

印刷分为三个阶段：

印前→指印刷前期的工作，一般指摄影、设计、制作、排版、制版等；

印中→指印刷中期的工作，通过印刷机印刷出成品的过程；

印后→指印刷后期的工作，一般指印刷品的后加工，包括过胶（覆膜）、过UV、过油、烫金、击凸、装裱、装订、裁切等。

传统印刷品的生产，一般要经过原稿的选择或设计、菲林出片、印版晒制、印刷、印后加工等五个工艺过程。也就是说，首先选择或设计适合印刷的原稿，然后对原稿的图文信息进行处理，制作出供晒版或雕刻印版的菲林，再用菲林制出供印刷用的PS印版，最后把PS印版安装在印刷机上，利用输墨系统将油墨涂敷在印版表面，由压力机械加压，油墨便从印版转移到承印物上，如此复制的大量印张，经印后加工，便成了书的成品。现在很多印刷厂已经采用CTP制版，省去了传统印刷中的菲林制作、印版晒制的流程。这种数字化模式的印刷过程，也需要经过原稿的分析与设计、图文信息的处理、印刷、印后加工等过程，只是减少了制版过程。

知识链接 | 书籍艺术中双色印刷设计的多彩表现

第三节　印刷类型与油墨

一、平版印刷

平版印刷印版上的图文部分与非图文部分几乎处于同一个平面上，在印刷时，为了能使油墨区分印版的图文部分还是非图文部分，首先由印版部件的供水装置向印版的非图文部分供水，从而保护了印版的非图文部分不受油墨的浸湿。然后，由印刷部件的供墨装置向印版供墨，由于印版的非图文部分受到水的保护，因此，油墨只能供到印版的图文部分。最后是将印版上的油墨转移到橡皮布上，再利用橡皮滚筒与压印滚筒之间的压力，将橡皮布上的油墨转移到承印物上，完成一次印刷，所以，平版印刷是一种间接的印刷方式。平版印刷制版工作简便、成本低廉。套色装版准确，印刷版复制容易，可以承印大数量印刷（图5-19～图5-21）。

凸版印刷文字特征　　平版印刷文字特征　　凹版印刷文字

凸版印刷网点　　平版印刷网点　　凹版印刷网点

[图5-19] 不同印刷方式的文字特征

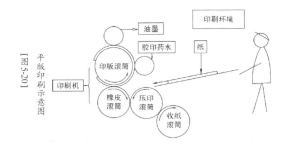

[图5-20] 平版印刷示意图

油墨　　印刷环境
胶印药水　　纸
印版滚筒
印刷机
橡皮滚筒　压印滚筒
收纸滚筒

[图5-21] 平版印刷机

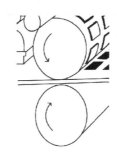

[图5-22]

凸版印刷示意图

二、凸版印刷

凸版印刷是历史悠久的传统印刷方式。其原理类似于印章与木刻版画。其印刷面是突出的，而非印纹部分是凹下的。凸版印刷的原理比较简单。在凸版印刷中，印刷机的给墨装置先使油墨分配均匀，然后通过墨辊将油墨转移到印版上，由于凸版上的图文部分远高于印版上的非图文部分，因此，墨辊上的油墨只能转移到印版的图文部分，而非图文部分则没有油墨。印刷机的给纸机构将纸输送到印刷机的印刷部件，在印版装置和压印装置的共同作用下，印版图文部分的油墨则转移到承印物上，从而完成一件印刷品的印刷（图5-22）。

三、凹版印刷

凹版印刷制品具有墨层厚实、层次丰富、立体感强、印刷质量好优点，主要用于印刷精致的彩色图片、商标、装潢品、有价证券和彩色报纸等。

凹版印刷机的主要特点是印版上的图文部分凹下，空白部分凸起，与凸版印刷机的版面结构恰好相反。机器在印单色时，先把印版浸在油墨槽中滚动，整个印版表面遂涂满油墨层。然后，将印版表面属于空白部分的油墨层刮掉，凸起部分形成空白，而凹进部分则填满油墨，凹进越深的地方油墨层也越厚。机器通过压力作用把凹进部分的油墨转移到印刷物上，从而获得印刷品，所以凹版印刷的平均色调极为浓厚（图5-23、图5-24）。

凹版印刷特点如下。

① 凹凸感凹版印刷。通过触摸印色的表面，可以感受到油墨的凹凸感。

② 缩微字。缩微字效果是凹版印刷的特征，它是如此之小以至于只可在放大镜下才可看见。

③ 潜影。隐藏在凹版图案中的另一个图像称为潜影。把纸张放于水平视线作不同角度的调整可使隐藏了的图像出现或消失。

④ 难以复制与模仿图案。凹版印刷需要特殊的印刷机器，它的成本相当高。可以印刷很复杂的图案和线条组成的稿件。在某些情况下，为了加强图案的防伪性，秘密标示会加在图案中并且只有客户和生产商才可以识别。

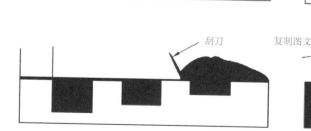

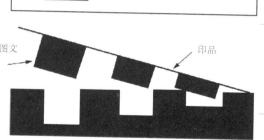

[图5-23]
凹版印刷过程

[图5-24]
凹版印刷的钱币

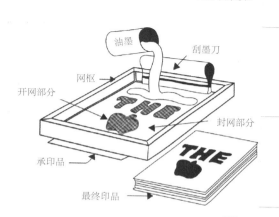

[图5-25]
平式丝网印刷原理

印前物料的供应，例如油墨、印版都是限制供应或需要较专门的生产技术。

四、丝网印刷

　　丝网印刷又称孔板印刷，用丝网作为版基，并通过感光制版方法，制成带有图文的丝网印版。丝网印刷由五大要素构成，丝网印版、刮板、油墨、印刷台以及承印物。利用丝网印版图文部分网孔可透过油墨，非图文部分网孔不能透过油墨的基本原理进行印刷。印刷时在丝网印版的一端倒入油墨，用刮板对丝网印版上的油墨部位施加一定压力，同时朝丝网印版另一端匀速移动，油墨在移动中被刮板从图文部分的网孔中挤压到承印物上（图5-25）。

1.适应性强

　　丝网印刷的使用性十分强，各种油墨都能与之匹配，而且其工艺对印刷油墨的颗粒物的精细度要求不高，只要能够透过丝网网孔细度的油墨和涂料便能使用。

2.印刷压力小

丝网印刷压印力较小。在其正式转印的过程中，丝印机的压力与其他的印刷机器的压力相比，其印刷时所使用的压力是比较小的，不仅能在普通产品上转印，同时对于那些容易破碎的，不易承受大压力的承印物也是适用的（图5-26）。

3.应用极为广泛

丝网印刷几乎能够实现在任何承印物上，是可以实现在各类书籍材料上的印刷。现代的丝网印刷发展很快，已完全从手工中解脱出来，先进的丝网印刷机已经弥补传统手工丝网印刷的不足，印刷幅面大小皆宜，可以套色印刷，也可以四色印刷（图5-27）。

五、数字印刷

利用印前系统将图文信息直接通过网络传输到数字印刷机上印刷的一种新型印刷技术。数字印刷系统主要是由印前系统和数字印刷机组成。有些系统还配上装订和裁切设备。工作原理：操作者将原稿（图文数字信息）或数字媒体的数字信息或从网络系统上接收的网络数字文件输出到计算机，在计算机上进行创意、修改、编排成为客户满意的数字化信息，经RIP处理，成为相应的单色像素数字信号传至激光控制器，发射出相应的激光束，对印刷滚筒进行扫描。由感光材料制成的印刷滚筒（无印版）经感光后形成可以吸附油墨或墨粉的图文然后转印到纸张等承印物上。数字化模式的印刷过程，也需要经过原稿的分析与设计、图文信息的处理、印刷、印后加工等过程，只是减少了制版过程。因为在数字化印刷模式中，输入的是图文信息数字流，而输出的也是图文信息数字流。相对于传统印刷模式的DTP系统来说，只是输出的方式不一样，传统的印刷是将图文信息输出记录到软片上，而数字化印刷模式中，则将数字化的图文信息直接记录到承印材料上（图5-28）。

[图5-26]
丝网印刷一

[图5-27]
丝网印刷二

[图5-28]
数字印刷

六、印刷油墨

印刷油墨种类繁多，按照印刷方法不同，常见的油墨种类可以分为四大类：平版印刷油墨、凸版印刷油墨、凹版印刷油墨、丝网印刷油墨。特殊油墨如金属油墨（主要是金、银墨）、夜光油墨、皱纹油墨、冰花油墨、发泡油墨等。

1. 金、银墨

金、银墨也称为印金或印银，属于金银油墨，是用金粉或银粉调制出来的油墨，与普通的彩色油墨相比，具有闪光的金属光泽。这种金色或银色给人以华美、富丽的感觉，不仅可以美化书籍，而且可以提高书籍的附加值，其特点是高贵优雅，色彩饱和，有含蓄的金属光泽感（图5-29）。

由于金色和银色是用金墨和银墨而不是通过CMYK四色设定印色来实现的，所以在版面设计和制版时按专色来处理，需输出专色胶片，单独晒版。

2. 皱纹油墨

皱纹油墨是在丝网印刷后油墨固化过程中，分别要用低压、高压汞灯照射，由于皱纹油墨表层与里层被固化时分为两阶段完成，里层产生的张力致使表层不均匀收缩起皱，形成了纹理效果。由于每次的固化过程影响油墨表面随机性因素，不同批次成品中皱纹形状和纹路走向会有明显差异。

3. 冰花油墨

冰花油墨是印刷后的墨迹经加热、固化处理后会出现不规则冰花状褶皱，使图纹、印迹产生冰花状折光效果，赋予印件特殊的肌理效果，这种油墨大多数为UV油墨。冰花油墨在书刊印刷中可作为书籍封面和装帧材料。冰花印刷应用于书刊封面，不仅色泽鲜艳，而且图文突出，经久耐用，成本低廉，外表如仿革纸。底色可以选用各种不同颜色的发泡油墨印刷，若在封面烫印电化铝的书名，就更加引人注目。

4. 折光油墨

折光印刷在印刷工艺过程中主要运用了光学原理。在制作印版时，在印版上加上许多平行的密集的线条，丝印时将折光油墨刮刀印刷载体上，产生密集的平行光

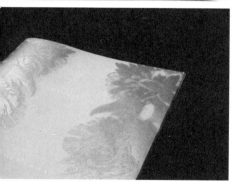

[图5-29] 金银油墨效果

[图5-30] 夜光油墨

栅，油墨层对入射光的折射就形成肉眼看到的折光效果。

折光印刷就是利用光的镜面反射原理来体现其特殊的装饰效果。为此，要充分体现折光印刷的光耀夺目的效果，就必须采用表面平整光滑明亮的承印材料。

5. 夜光油墨

夜光油墨是用一种蓄光型发光颜料（俗称"夜光粉"）为添加剂和普通油墨的结合体，具有普通油墨所没有的发光特性，使印刷品于暗处可自动发光，具有良好的提示、装饰、美化功能，可根据发光亮度的要求确定夜光颜料的用量，油墨中夜光颜料的含量越高，油墨印制的图案发光亮度越高，发光时间越长（图5-30）。

知识链接 书籍中金银油墨的表现魅力与技巧

第四节　印刷工艺

一、烫金

　　烫金又称"烫箔"电化铝烫印，将金属印版加热，施箔，主要是采用加热和加压的办法，将图案或文字转移到被烫印材料表面。完成这项工艺，需要一台烫印机、刻有专门文字或图案的烫金模板（如锌版、铜版、硅胶版等），加热到所需要的温度，转移需要的压力并保持相应的时间。电化铝箔通常由多层材料构成，基材常为PE，其次是分离涂层、颜色涂层、金属涂层（镀铝）和胶水涂层。近年来，随着烫金材料和烫金版加工水平的提高，以及新的机器设备的使用，国内的烫金工艺也得到了一些新的发展。出现了高速烫金、立体烫金、全息定位烫金以及烫金后再印刷等工艺。

　　烫金工艺有金属光泽，富丽堂皇，使印刷画面产生强烈对比。适用于非常突出的文字或图形部分，配合起凸或压凹工艺能产生更为显著的效果。可以采用的色彩除金银外还有彩金、激光、专色等（图5-31）。

二、起凸、压凹与压纹工艺

　　起凸、压凹与压纹学名为压印，靠压力使承印物体产生局部变化形成图案的工艺，是金属版腐蚀后成为压版和底版两块进行压合。分为便宜的普通腐蚀版和昂贵的激光浮雕版两种。

　　凸利用凸模板（阳模板）通过压力作用，将印刷品表面压印成具有立体感的浮雕状的图案，印刷品局部凸起，使之有立体感，造成视觉冲击。

[图5-31]　烫金工艺

【图5-33】 UV印刷

压凹利用凹模板（阴模板）通过压力作用，将印刷品表面压印成具有凹陷感的浮雕状的图案（印刷品局部凹陷，使之有立体感，造成视觉冲击）。

压纹利用雕刻纹路的金属辊加压后，在纸张表面留下满版的纹路肌理，用普通铜版纸实现特种纹路纸的效果，其装饰性强、风格独特。如粗布纹、细布纹、月牙纹、金沙纹、毡纹、皮纹、梨纹、莱妮纹、竹丝纹等，数量繁多，上述为常用纹理（图5-32）。

三、UV印刷

UV是封面印刷的新工艺，指在印好的封面上覆盖一个特殊的透明材料。UV油墨是无色透明的，它能形成不同效果的层面，如：光磨砂、皱纹、冰花等装饰性的图案，覆盖了这种油墨会为画面增添趣味和魅力（图5-33）。

四、上光

上光是在印刷品表面涂上（或喷、印）一层无色透明涂料，干后起保护及增加印刷品光泽的作用。在印刷品表面涂（或喷、印）上一层无色透

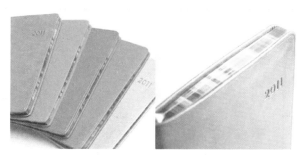

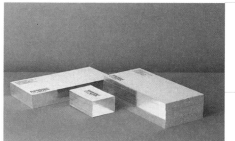

[图5-34] 滚边

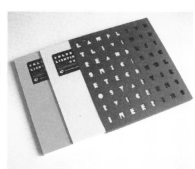

[图5-35] 模切与压痕

明的涂料，经流平、干燥、压光、固化后在印刷品表面形成一种薄而匀的透明光亮层，起到增强载体表面平滑度、保护印刷图文的精饰加工功能的工艺，被称为上光工艺。

上光包括全面上光、局部上光、光泽型上光、哑光（消光）上光和特殊涂料上光等。

上光具有美化、保护书籍封面、加强书籍的宣传效果和提高书籍的实用价值的作用。

五、切口滚边

切口滚色遮盖了纸在裁切后白色边迹（图5-34）。

六、模切与压痕

模切工艺就是根据印刷品的设计要求，利用钢刀、钢线排列成模板然后在压力的作用下将印刷品或其他承印物轧切成所需形状或切痕的成型工艺，可产生异形，增强表现力。

模切和压痕可以作为单独工序操作，也可以把两道工序在同一台机器合并成一道工序完成，模切版既装钢刀也装钢线，互不冲突。模切和压痕改变了书籍页面里单一的直线或平面形式，让书籍以立体或曲线形式呈现，创造出各种各样的有创意的形状和造型。在书籍设计中常采用模切压痕工艺，如立体函盒、异型内页、镂空设计、书页折叠设计等（图5-35）。

七、彩葱

彩葱是一种叫彩葱粉的添加剂与印刷油墨（通常是UV油墨）结合使用，彩葱粉的颜色五彩缤纷，在印

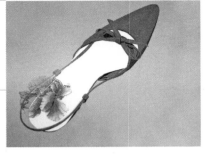

[图5-36] 彩葱

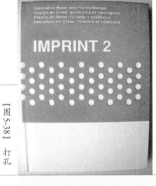

刷油墨未干燥时，在其表面通过铺满彩葱粉，干燥后形成颗粒状的彩葱效果，主要用于印刷品内部具有特色图文的局部，给人光泽感，颗粒细腻晶莹（图5-36）。

八、覆膜

将塑料薄膜覆盖于印刷品表面，并采用黏合剂经加热、加压后使之黏合在一起，形成纸、塑合一的印刷品的加工技术。覆膜分光膜和哑膜两种。覆光膜的产品表面亮丽、表现力强；覆哑光膜的产品表面不反光、高雅。需要注意的是128克以下纸张单面覆膜后容易因两面表面张力不同而打卷，覆哑光膜后印刷品色彩饱和度会略有下降（图5-37）。

九、打孔

就是按要求按尺寸在书籍封面或内页部分打孔穿洞，工具用专门的打孔机（图5-38）。

十、植绒

植绒就是给纸上刷层胶，然后贴一层类似绒毛的物质，增加了厚重感和立体感，让纸看起来和摸上去有点绒布的感觉，手感柔和，增加真实感（图5-39）。

[图 5-40]　激光雕刻

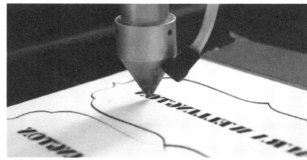

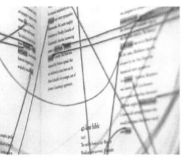

[图 5-41]　缝纫车线

十一、激光雕刻

激光雕刻是激光加工技术运用于替代机械切割加工领域的俗称。激光几乎可以对任何材料进行加工，常见有纸张、有机玻璃、塑料、玻璃、竹木、泡沫塑料、布料、皮革、橡胶板、石材、人造石PVC板、金属板、水晶等。激光雕刻产品线条利索，转角与接缝圆滑，定位准确，特点鲜明。在书籍里很细小的图案通常通过激光雕刻在荷兰版或者硬的钢板塑料上（图5-40）。

十二、其他工艺

具体见图5-41、图5-42。

知识链接　书籍设计中的肌理艺术

[图 5-42]　贴装物

第五节　装订工艺

一、平装书

　　"平"就是一般，平装根据现代印刷的特点，先将大幅面页张折叠成帖、配成册，包上封面后切去三面毛边，就成为一本可以阅读的书。这种书的印刷和生产比较普遍，成本低廉，常用于一般的图书与杂志。在崇尚简约设计和提倡环保的今天，平装书拥有极大的市场。简洁的图书结构、较低的出版费用、使平装书受到大众的欢迎。有些前卫主义设计家也尝试抛弃烦琐图书外包装，采用极简的方式传达新的消费观念和设计观念（图5-43）。

二、精装书

　　精装书在保护性能上是优于平装的，外观也更精美或者具有创意，多用于需要长期保存的经典著作、精美画册等贵重图书。在封面的用料和制作上精装书比平装书更考究。精装封面有硬面和软面两种。硬面精装是硬纸板外面再裱纸张等材料制成外面套一层包封纸。软面精装是纸质材料制成，和平装很像，但带有护封。精装书主要是在书的封面和书芯的脊背、书角上进行各种造型加工。书脊分为圆脊和方脊两种，封面和书脊间还要压槽、起脊，以便打开封面。封面大于书心2毫米，称为飘口，便于保护书心，也可以增加书的美观（图5-44）。

[图5-43] 平装书

[图5-44] 精装书

[图5-45] 骑马订

三、现代的装订形式

书籍设计的装订方式十分广泛，除了以往常见的几种装订形式外，随着个性化的设计需要，各种各样的装订形式也应运而生。

1. 骑马订

骑马订，英文为saddle stitches。saddle是马鞍的意思，在其装订之时，将折好的页子如同为马匹上鞍一般的动作，配至装订机走动的链条之上。装订以后钉子就订在马背的位置上。因此，打开书来看最中间的部分，可以发觉整本书以中间钉子为中心，全书的第一页与最后一页对称相连接，最中间两页也以其为中心对称且相连。骑马订装订周期短，生产成本低，但牢固性比较差，使用装订的钉子难以穿透较厚的书，所以一般只能用于比较薄的杂志、小册子（图5-45）。

2. 平订

平订，指的是平装书的装订方式，是将印好的书页经折页、配帖成册后，将配好的书贴相叠后在订口一侧离边沿5毫米处用线或铁丝订牢，钉口在内白边上。

3. 无线胶订

无线胶订是一种不用铁丝，不用线，而是用胶黏合书芯而成。图书在胶装之前要把书页码齐，在订口上胶之前要切割，打磨后用韧性好的黏合剂将每一页纸粘牢，再把封面黏合上，最后按照成品尺寸裁切即可。胶订成本较低，操作方便，是目前平装书使用最多的装订方式。但会有不足之处就是如果黏合剂没有粘牢，会很容易出现散页、断胶等现象，出现一张张散落的书页。此外胶订书因为黏合书页需要占用订口部分位置，以致翻开书页时，不能彻底打开幅面。设计师在做设计的时候就要注意如果采用了胶订形式，订口处内白边的位置要略宽一些，以免文字进入页面订口的弧度里，影响阅读。如果有较多图片做跨页的设计，也避免用这种方式装订（图5-46）。

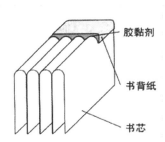

[图5-46] 无线胶订

胶黏剂

书背纸

书芯

[图5-47] 环订

4. 锁线装订

锁线订是一种用线将配好的书册按顺序一帖帖逐帖在最后一折缝上，将书册订连锁紧的联结方法。这种装订方法结实、耐用。一些比较厚的书籍如百科全书、词典、艺术书籍都会采用这个装订方式。锁线装订的书，翻开页面时，书页可以完全展开，视觉效果好，书缝不会出现像胶订书一样的弧度，特别适用一些需要跨版的图片。

5. 环订

环订是一种专为加工活页类书籍等而用的订联方法，利用梳形夹、螺旋线等订书材料对散页进行装订的印后加工工艺。环订在加工时，将金属丝或条按要求制成不同形状和规格，然后将页面先打孔再穿联成册。环订书刊外观简洁、明快、大方，有较好的平展性，能实现360°翻转（塑胶环订除外）。能在同一本书刊中采用各种页面，如折叠插页、索引标签、贴袋、小尺寸插页及异形页面等非标准页面。可用于装订较大幅面的书刊（大至八开），相对于胶黏订和锁线订，操作简单，经济实用。常见的环订方式有双线环订、金属丝螺旋环订、塑料线螺旋环订和塑胶环订等（图5-47）。

（1）双线环订

双线环订以双重铁丝环为装订材料。采用双线圈对书籍进行加工时，首先要在订口冲出一排装订孔，然后将已经加工成型的装订线穿入孔中，完成双线圈装订线的闭合。采用双线圈装订的书本翻开后，左右页面上的图片、插图等内容不容易产生错位现象。缺点是受压时装订线容易发生永久性变形，从而影响其美观性。

（2）金属丝螺旋环订

金属丝螺旋环订是将单根铁丝卷成螺旋状并穿入书页装订孔中的书本装订方式。制作时，首先将金属丝制成螺旋线；然后利用自动化设备将螺旋线穿到书芯上；最后将两个末端进行弯折。金属螺旋丝有几十种规格，可适应不同厚度书册的装订需求。通过选择不同颜色的金属丝，可以制作出多种外观效果。采用金属丝螺旋环订的书本在翻开时也会产生错位现象，所以不适合装订带有跨页图案的书籍。不过，金属螺旋丝一般是在穿入书本的过程中卷曲成型的，所以材料成本较低，加上适应高度自动化的生产方式，所以成本较低。这种装订方式外观质量不是很好，没有塑料线螺旋环订那样丰富的色彩和多变的效果，也没有双线环订的强度和精致感，而且在压力作用下装订线还很容易发生变形，且长期使用还会在书本上留下蹭迹，因此，在图书中使用不是很多。目前，使用金属丝螺旋环订的产品多为教育类书刊以及页数较少的书籍手册等。

（3）塑料线螺旋环订

塑料线螺旋环订中的装订线有多种颜色，其中以黑色、白色和标准色为主，也有各种专色、荧光色及闪光色等。塑料线螺旋环订具有经久耐用、不易变形的优点，受压以后能够迅速恢复原状，重量轻，并且由于其末端进行了弯折，使用起来比较安全，适用于装订儿童书、烹调书、操作指南等书籍。这种装订方式书页翻开后具有平展性，但无法像其他环订书一样翻转360°，而且左右页面的图案容易产生错位。

6.线装书

线装书的盛行一般认为是在明朝中期。线装书在装订时，一般会在书的正面的右侧，约距离书背一指距离的位置进行钻孔打眼。根据书开本的大小来选择钻四个眼或者六个眼，然后利用蜡光白线穿过孔眼，达到固定纸张的目的。成书需要具备"平整牢固，双股线并列排齐"的形态。线装书有简装和精装两种形式（图5-48）。

简装书采用纸封面，订法简单，不包角，不勒口，不裱面，不用函套或用简单的函套。精装书采用布面或用绫子、绸等织物被在纸上作封面，订法也较复杂，订口的上下切角用织物包上（称为包角），有勒口、复口（封面

[图5-49]

《中国皮影》/赵一琳

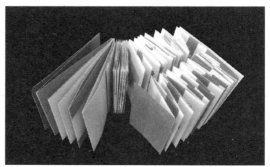

[图5-50]

折页装订示意图

对折	荷包折	风琴折（扇形折）	关门折	关门再对折	十字折
纸的二边对折	由外往内的折纸法	像扇子一样的折法，通常为6页面，较符合成本	将纸张由左右向内折，正好像两扇门（两折线）	将关门折再对折	先左右对折再垂直对折，对开可见十字折线

的三个勒口边或前口边被衬页粘住），以增加封面的挺括和牢度。最后用函套或书夹把书册包扎或包装起来。

在现代书籍设计中，设计师利用传统的"线装"形式往往能取得一些不错的效果。采用"线装"的装订形式有别于主流的胶装书，形成一种视觉上的差异感，能使得书籍继续保持内在的东方气息，从而反映出中国传统的美学思想。

7.特殊装订

（1）折页装订

一般的书都会对页面裁切与订合，而折页装订只是通过折叠而不将书页订合成册。这种装订形式易于阅读时展开、收起折叠，一般适用于小图册、宣传册页等。这种折页形式折法多样。常见的有普通对折、风琴折、对门折、平行折、卷轴折等（图5-49、图5-50）。

（2）Z字装订

Z字装订是书的正面与背面分成两部分，且每个部分都是相对独立的册页。前后两个册页合在一起就是完整的书（图5-51）。

（3）开背装订

开背装订也可称成露脊装、裸背装，是指书脊部分裸露在外，没有被封面包住，从侧面可以看见书脊锁线的结构。这种装订形式让人感觉书更有结构感、肌理感，有一种朴实与文艺情怀，目前深受众多设计师推崇

[图5-51] Z字装订

[图5-52] 开背装订

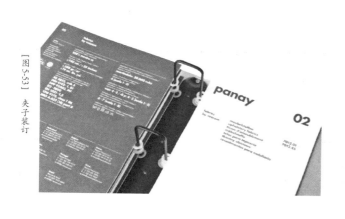

[图5-53] 夹子装订

[图5-54] 其他装订

（图5-52）。

（4）夹子装订

夹子装订是指用夹子等工具来装订书。这种装订形式方便开合，书页可随时开夹取出，读者也可以随性的加入自己的一些插入页（图5-53）。

（5）其他装订（图5-54）

《ANNI KUAN 设计室》这是一本介绍服装目录的设计类书，书本采用的材料是新闻纸，利用衣架和服装的内在联系。使用衣架将书的内容有效地装订成一本书（图5-55）。

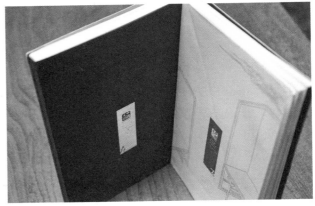

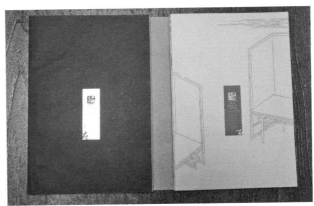

《中国元素2008获奖作品集》的装订不是简单将纸张加工成册一本书只有一个书脊的传统模式，而是将两本书合为一本书，所以就产生了三个书脊。整本书籍在结构上还是一个整体，而在里面的书脊上做变化，可打破单一性，变得与众不同（图5-56）。

知识链接｜传统线装书的装订形式在现代书籍设计中的新变化

参 考 文 献

[1] 余秉楠. 书籍设计 [M]. 武汉：湖北美术出版社，2001.

[2] 李淑琴，吴华堂. 书籍设计 [M]. 北京：中国青年出版社，2011.

[3] 吕敬人. 书艺问道 [M]. 北京：中国青年出版社，2006.

[4] [美]金伯利·伊拉姆. 网格系统与版式设计 [M]. 上海：上海人民美术出版社，2013.

[5] 杨敏，杨奕. 版式设计 [M]. 重庆：西南师范大学出版社，2003.

[6] [日]原妍哉著，朱锷译. 设计中的设计 [M]. 济南：山东人民出版社，2006.

[7] 张万红. 中国传统文化概论 [M]. 北京：北京师范大学出版社，2012.

[8] 李菲，陈代. 电子书中动态插画的应用 [J]. 山东农业工程学院学报，2018，35（10）：121.

[9] 谷笑源. "童心常存" ——儿童书籍装帧 [D]. 东北师范大学，2007.

[10] 黄琴霞. 平面之美中国明清书籍版面艺术形式初探 [D]. 清华大学，2004.

[11] 李静，吴卫. 日本书籍装帧大师杉浦康平作品简析 [J]. 设计，2016，（13）：146.

[12] 张康宁，张亚洁. 浅论儿童书籍中的趣味性设计 [J]. 艺术与设计，2011，（5）：76.

[13] 王珏. 将设计调研引入书籍设计教学的探索 [J]. 装饰，2017，（295）：136.

[14] 许兵. 书籍开本设计的教学训练方法探究 [J]. 浙江工艺美术，2008，（3）：92.

[15] 陈慧. 互动——版式设计新"契机"辽宁师范大学 [D]. 2012.

[16] 韦萍. 书籍装帧民族风格的色彩艺术论析 [J]：艺术与设计，2016，（8）：50.

[17] 张力方. 古书之美——探究中国传统书籍版式的成因及其对当代书籍设计的影响 [D]. 北京服装学院，2013.

[18] 田艺珉. 论书籍形态设计的雕塑感 [D]. 湖南师范大学，2007.

[19] 易莎. 中国书籍设计在传统与现代变奏中选择与重构 [D]. 中南民族大学，2012.

[20] 江霞. 电子书籍情景交融的艺术设计表现特征 [D]. 四川大学，2007.

[21] 沈伟伟. 传统线装书的装订形式在现代书籍设计中的新变化 [J]. 苏州工艺美术职业技术学院学报，2011，（4）：21.

[22] 陈旭. 色简意深——平面双色印刷设计的艺术表现研究 [D]. 上海师范大学，2015.

[23] 孟云. 金银墨应该注意的几个问题 [J]. 印刷质量与标准化，2009，（10）：56.

[24] 任重远. 胶印金银墨印刷工艺技术要点 [J]. 今日印刷，2008，（6）：67.

[25] 李培. 从视觉到触觉——材质与工艺对书籍装帧设计效果的研究 [D]. 河南师范大学，2011.

[26] 刘萍. 触觉与书籍材料质感 [J]. 美术大观，2011，（11）：114.

[27] 王丽梅. 书籍设计中的肌理艺术 [J]. 编辑之友，2012，（3）：111.

[28] 吴剑. 书籍装帧设计材艺的发展趋势 [J]. 湖北师范学院学报，2012，（3）：44.

[29] 沈伟伟. 剔透之美——书籍设计中的镂空艺术 [J]. 苏州教育学院学报，2011，（4）：77.

[30] 刘国莹. 古代印本书版式在现代书籍设计中的创新性体现 [J]. 艺术科技，2015（10）：219.

[31] 黄震宇. 中国古代书籍版式形式与成因研究 [D]. 南京艺术学院，2005.